陈泉心理学考研系列

心理学考研教材通
知识全解读

社会心理学

主编 陈泉 许冰

北京邮电大学出版社
www.buptpress.com

图书在版编目（CIP）数据

社会心理学 / 陈泉，许冰主编 . -- 北京：北京邮电大学出版社，2025.7

（心理学考研教材通——知识全解读；2）

ISBN 978-7-5635-6977-9

Ⅰ. ①社… Ⅱ. ①陈… ②许… Ⅲ. ①社会心理学 Ⅳ. ① C912.6-0

中国国家版本馆 CIP 数据核字 (2023) 第 143826 号

| 策划编辑：彭怀洲 | 责任编辑：刘春棠 | 责任校对：张会良 | 封面设计：海图博雅 |

出版发行：北京邮电大学出版社
社　　址：北京市海淀区西土城路 10 号
邮政编码：100876
发 行 部：电话：010-62282185　传真：010-62283578
E-mail：publish@bupt.edu.cn
经　　销：各地新华书店
印　　刷：保定市中画美凯印刷有限公司
开　　本：889 mm×1 194 mm　1/16
印　　张：68.25
字　　数：1895 千字
版　　次：2025 年 7 月第 1 版
印　　次：2025 年 7 月第 1 次印刷

ISBN 978-7-5635-6977-9　　　　　　　　　　　　　　　　定价：228.00 元（共 7 册）

·如有印装质量问题，请与北京邮电大学出版社发行部联系·

学习导读

学科介绍

社会心理学是一门与生活实际联系密切的学科,是研究个体和群体的社会心理、社会行为及其发展规律的学科。在心理学考研中,312统考和院校自命题在"社会心理学"科目的分值占比上有很大差异。例如,在312统考的大纲中,只把"社会心理学"科目作为心理学导论的一个章节进行考查,其分值占比较小;而对于院校自命题,"社会心理学"科目的分值占比较大,考查形式也更加灵活,因此建议考生参考真题考查特点进行复习。

科目框架

本书共包括七章,框架如图1所示。本书主要以312统考大纲为参考,因此部分教材的章节内容可能与本书不一致,但其中的具体内容是一样的。

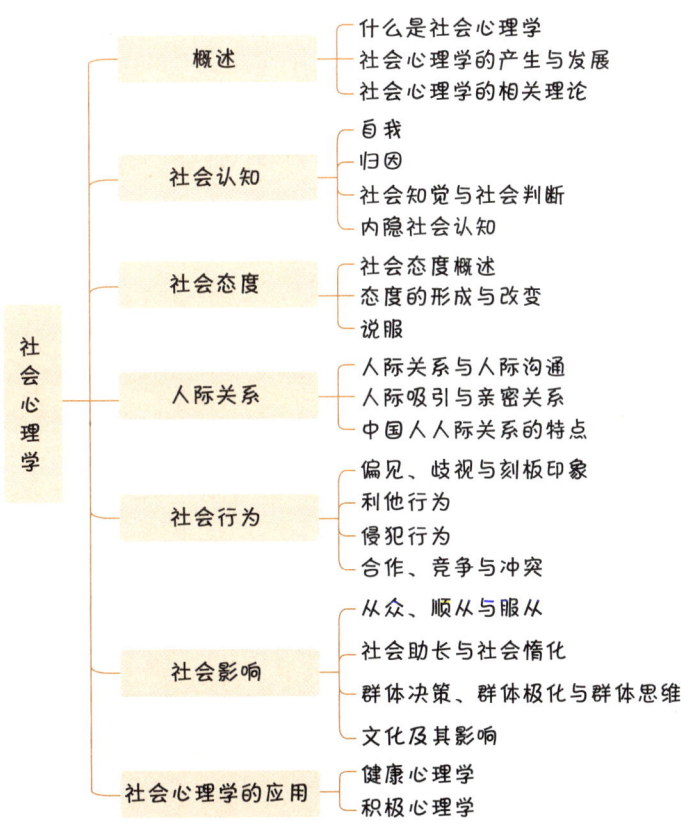

图1 社会心理学科目框架

考查目标

1. 理解和掌握社会心理学的基本概念和基本理论。
2. 运用社会心理学的基本理论和方法分析、解决社会生活中的实际问题。

考查特点

虽然在参考书目上可能有所差别，但对于考试而言，"社会心理学"科目所考查的题型和知识点都是大致相同的，题型主要包括单项选择题、多项选择题、名词解释、简答题、论述题等5种。

（一）单项选择题

考查要点：概念（定义、区分）、理论（代表人物、内容）、特征、原则等。

例题：

1. 对个人服从权威现象进行了经典实验研究的心理学家是（　　）。
   A. 阿希　　　　　　B. 津巴多　　　　　　C. 谢里夫　　　　　　D. 米尔格拉姆
2. 用社会交换理论来判定某种人际关系是否公平时，需遵循的原则不包括（　　）。
   A. 均等原则　　　　B. 匹配原则　　　　　C. 平等原则　　　　　D. 各取所需

（二）多项选择题

考查要点：理论观点、特征、原则、原因、影响因素等。

例题：

1. 小远最近谈恋爱了，根据斯腾伯格的理论，下列关于他的表述，体现爱情成分的有（　　）。
   A. 他看到女友就着迷于她的气质　　　　B. 他暗下决心要一辈子对女友好
   C. 他从内心深处喜欢自己的女友　　　　D. 他给女友讲了很多自己小时候的故事
2. 导致从众的主要原因有（　　）。
   A. 群体的压力　　　B. 信息不充分　　　　C. 行为的选择性　　　D. 群体规范的影响

（三）名词解释

考查要点：重点名词。

例题：

1. 群体极化
2. 亲社会行为

（四）简答题

考查要点：理论观点、影响因素、原因、方法等。

例题：

1. 影响说服效果的主要因素有哪些？
2. 简要叙述助人的原因。

（五）论述题

考查要点：理论观点、影响因素、原因、方法等（举例或联系材料分析）。

例题：

1. 试分析服从的原因，并举例说明影响服从的因素。

2.依据下列材料，阐述相关问题：

有一个青年，打扮新潮：花衬衣、格子裤、戴着巨大的蛤蟆镜。第一个女士看到他时，他正在弯腰全力地帮助一位先生拾捡被风吹得散落满地的文件。等他完成帮助别人的行动，直起身来跟他所帮助的人道别时，这女士终于看到他的全部装扮。她对这个青年的印象是：这个青年时尚、充满绅士风度、潇洒。等到这个青年转过一个街角，迎面碰到第二位女士时，这位女士对他的印象是：装扮怪异、流里流气、形象恐怖。为什么同一个人在不同的人眼中会产生大相径庭的印象？

（1）请根据上面的材料，说明这种社会心理现象属于什么心理现象以及这种社会心理现象的具体含义。

（2）请对这种社会心理现象容易出现的偏差效应进行简单分析，并剖析其心理机制，列举相关的研究或实例来进行说明。

（3）结合自己的工作和生活实际，谈谈如何预防这种社会心理现象的偏差效应？

依据"社会心理学"科目的考试特点，对应的复习方法有以下3个。

1.把握主线，梳理框架

"社会心理学"科目的内容虽然看起来比较多，但基本可以概括为概述、社会认知、社会态度、人际关系、社会行为、社会影响和社会心理学的应用7个部分，且在实际考试中，主要以后3个部分的内容为重点。所以在复习的时候，考生要根据这4条主线去记忆和延伸内容。同时，考生还可以通过制作思维导图，将每个章节的内容梳理清楚，这样既能知道本章讲了什么，也能知道每一个知识点可以如何延伸。用好思维导图，搭建起自己的框架体系，能让后面的复习事半功倍。

2.横向比较，对比区分

"社会心理学"科目中包含很多名字相似的同级概念，如从众、顺从和服从，社会助长和社会惰化等，这些概念既有意义相近的，也有意义相对的。在记忆的时候，考生可以通过画表格的方式将这些概念进行对比分析，抓住概念的本质特征，记清楚含义中的关键词，加深对概念的理解，避免混淆。

3.联系生活，活学活用

正如前文提到的，生活中处处都有社会心理学知识，也可以说，社会心理学的每个理论都来源于生活，都可以在生活中找到例子，因此在复习时考生可以结合生活实例来加深对知识的理解，理解了这些知识后背起来就十分轻松。

而且，近年来，社会心理学科目的考查形式越来越灵活，对考生的要求也越来越高。建议考生在复习时一定要把教材中重要的概念、现象和原因等理解透彻，不能只停留在死记硬背的层面，而是要利用这些知识分析生活中的各种现象，将这些知识与社会热点事件紧密联系起来，用专业、科学的语言将日常现象及其背后的原因表述清楚。

目录

第一章 概 述

知识导读	001
知识地图	001
知识精讲	001

第一节 什么是社会心理学 ································ 001
  知识点 1 社会心理学的含义 ································ 001
  知识点 2 社会心理学的研究领域 ································ 002

第二节 社会心理学的产生与发展 ································ 002
  知识点 1 社会心理学的产生与发展 ································ 002

第三节 社会心理学的相关理论 ································ 003
  知识点 1 生物理论 ································ 003
  知识点 2 学习理论 ································ 004
  知识点 3 诱因理论 ································ 004
  知识点 4 认知理论 ································ 005
  知识点 5 角色理论 ································ 005

第二章 社会认知

知识导读	007
知识地图	007
知识精讲	008

第一节 自我 ································ 008
  知识点 1 自我概述 ································ 008
  知识点 2 与自我有关的其他概念 ································ 010
  知识点 3 自我偏差 ································ 012

第二节　归因 ··· 013
知识点1　归因及其理论 ··· 013
知识点2　归因偏差 ·· 016

第三节　社会知觉与社会判断 ·· 018
知识点1　社会知觉 ·· 018
知识点2　印象形成 ·· 018
知识点3　社会知觉偏差 ··· 019
知识点4　社会判断 ·· 021

第四节　内隐社会认知 ·· 021
知识点1　内隐社会认知概述 ·· 021
知识点2　内隐社会认知的研究方法 ·· 022

第三章　社会态度

知识导读 ·· 024
知识地图 ·· 024
知识精讲 ·· 025

第一节　社会态度概述 ·· 025
知识点1　态度的含义与成分 ·· 025
知识点2　态度的维度 ··· 025
知识点3　态度的功能 ··· 025
知识点4　态度的测量 ··· 026

第二节　态度的形成与改变 ·· 026
知识点1　态度的形成 ··· 026
知识点2　态度的改变 ··· 028

第三节　说服 ·· 031
知识点1　说服概述 ·· 031
知识点2　说服模型 ·· 031
知识点3　影响说服效果的因素 ·· 033

第四章　人际关系

知识导读 ·· 035
知识地图 ·· 035

知识精讲	035
第一节　人际关系与人际沟通	035
知识点1　人际关系	035
知识点2　人际沟通	040
第二节　人际吸引与亲密关系	043
知识点1　人际吸引	043
知识点2　亲密关系	044
第三节　中国人人际关系的特点	047
知识点1　中国人人际关系的特点	047

第五章　社会行为

知识导读	049
知识地图	049
知识精讲	050
第一节　偏见、歧视与刻板印象	050
知识点1　偏见	050
知识点2　歧视	052
知识点3　刻板印象	052
第二节　利他行为	053
知识点1　利他行为的定义	053
知识点2　利他行为的理论解释	053
知识点3　利他行为的影响因素	054
知识点4　利他行为习惯的培养	055
第三节　侵犯行为	056
知识点1　侵犯行为的定义	056
知识点2　侵犯行为的分类	057
知识点3　侵犯行为的理论解释	057
知识点4　侵犯行为的影响因素	059
知识点5　减少侵犯行为的方法	060
第四节　合作、竞争与冲突	062
知识点1　合作与竞争	062
知识点2　冲突	065

第六章　社会影响

知识导读	068
知识地图	068
知识精讲	069

第一节　从众、顺从与服从

知识点 1　从众	069
知识点 2　顺从	070
知识点 3　服从	071
知识点 4　从众、顺从与服从的联系与区别	072

第二节　社会助长与社会惰化

知识点 1　社会助长	073
知识点 2　社会惰化	074
知识点 3　去个体化	074

第三节　群体决策、群体极化与群体思维

知识点 1　群体决策	075
知识点 2　群体极化	076
知识点 3　群体思维	077

第四节　文化及其影响

知识点 1　文化的含义	077
知识点 2　文化对心理和行为的影响	078

第七章　社会心理学的应用

知识导读	079
知识地图	079
知识精讲	079

第一节　健康心理学

知识点 1　与健康相关的概念	079
知识点 2　健康模式的变迁	080
知识点 3　压力产生的原因	081
知识点 4　应对方式	082

第二节　积极心理学 ·· 083
　　知识点 1　积极心理学的基本问题 ··· 083
　　知识点 2　积极心理学的基本内容 ··· 084
　　知识点 3　积极心理学与人类幸福 ··· 085
参考文献 ··· 087

第一章 概 述

知识导读

社会心理学是介于社会学与心理学之间的一门交叉学科,社会心理学与人格心理学、实验心理学、认知心理学并称心理学的四大支柱。本章主要介绍什么是社会心理学、社会心理学的产生与发展,以及社会心理学的相关理论。

本章的学习重点在于了解社会心理学这个学科的性质,掌握社会心理学在发展过程中的一些重要事件和代表人物。这部分内容常以选择题的形式进行考查。

知识地图

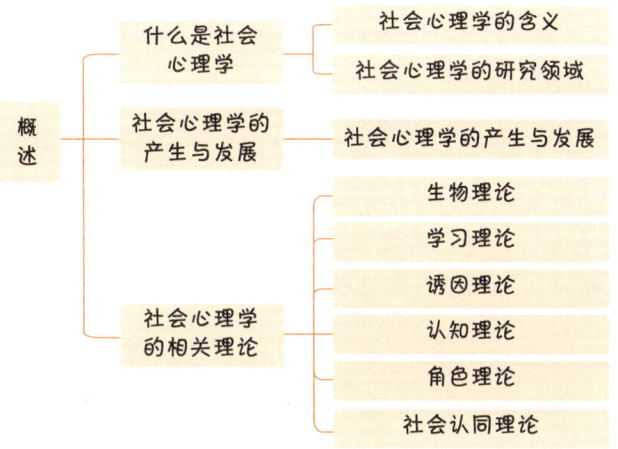

知识精讲

第一节 什么是社会心理学

知识点 1 社会心理学的含义 ★ TIPS ①

由于学术文化的不同,不同背景的社会心理学家提出了许多不

TIPS ①

虽然不同版本的教材对于社会心理学的定义不同,但是其表达的含义基本相同,这里主要参考以侯玉波编写的《社会心理学》(第5版)中的表述。

同的观点，其中的主要观点如下。

①弗里德曼认为，社会心理学是系统地研究社会行为的科学。

②迈尔斯认为，社会心理学是研究人们怎样想、怎样相互影响，以及怎样与别人相联系的科学。

知识点 2　社会心理学的研究领域 ★★

社会心理学研究常被分为4个层次： >> TIPS ②

1. 个体过程

个体过程主要涉及与个体有关的心理与行为研究。主要课题包括成就行为与个体的工作绩效、态度以及态度的改变、归因、认知和认知失调、自我意识、人格与社会发展、应激。

2. 人际过程

这个领域涵盖了人与人相互作用的所有领域。主要课题包括侵犯和助人行为、人际吸引与爱情、从众与服从、社会交换与社会影响、非言语的交流、性别角色和性别差异。

3. 群体过程

从群体与社会环境的角度研究人类心理与行为问题。主要课题包括环境心理学、团体过程与组织行为、种族偏见、健康心理学。

4. 文化过程

从文化的视角研究人的心理与行为，主要研究领域包括：**跨文化心理学、本土心理学、文化心理学**。

TIPS ②

社会心理学考察个体与社会的种种关系，了解各种社会因素对个体及群体行为的影响。

> **本节小结**
>
> 本节主要介绍了社会心理学的含义和研究领域。社会心理学是研究个体和群体的社会心理、社会行为及其发展规律的科学；社会心理学的研究领域包括个体过程、人际过程、群体过程和文化过程。

第二节　社会心理学的产生与发展

知识点 1　社会心理学的产生与发展 ★

1. 产生（1895—1934年）

1895年美国特里普利特教授做了第一个社会心理学实验，实验发现了**社会助长效应**。该实验让被试在3种情境下骑车完成25英里路程，研究发现别人在场或群体性的活动会明显提高人们的行为效率。

1908年**麦独孤**的《社会心理学导论》、**罗斯**的《社会心理学》

出版，标志着社会心理学的真正建立。

1924年社会心理学真正开始引起人们的注意，奥尔波特出版了教材《社会心理学》，该书证明了实验方法能够为理解人类的社会行为提供重要手段，社会心理学也必将成为心理学的一个分支。

2. 发展（1935—1945年）

在此阶段，由于美国的经济大萧条和第二次世界大战，社会因素对人类生活的重要性凸显，心理学家开始从更广泛的层面理解人类的行为。

3. 繁荣（1946—1969年）

社会心理学的发展是从第二次世界大战后开始的，心理学家除了像格式塔学派一样重视认知过程在人们解释社会行为时的作用之外，也开始关注文化等因素对人的影响。

4. 危机（20世纪70年代）

第二次世界大战后诸如偏见、侵犯和贫穷等问题困扰着人们，使人与人之间产生了信任危机，这促使心理学家开始从更广泛的层面分析文化和社会环境等对人类行为的影响。心理学家开始对实验社会心理学进行反省，主要是对其研究结果的外部效度产生了疑问。

5. 新发展（20世纪80年代之后）

20世纪80年代之后，社会心理学以更快的速度发展着，开始影响社会生活的方方面面，其研究的问题也越来越贴近现实。随着国际交流的日益频繁，文化的影响开始受到全世界心理学家的重视，各种各样的理论应运而生。

> **本节小结**
>
> 本节主要介绍了社会心理学的产生和发展。从特里普利特教授做了第一个社会心理学实验开始，社会心理学经历了产生、发展、繁荣、危机和新发展，发展成为心理学的一个重要分支。

第三节　社会心理学的相关理论

知识点 1　生物理论 ★

麦独孤、弗洛伊德和劳伦兹等人都强调生物因素对人类行为的影响，他们所提出的理论可以归入生物理论的范畴。生物理论认为本能特质影响着人类的行为。生物理论强调两方面的因素对人类行为的决定作用。

1. 本能

劳伦兹对幼小动物印刻行为的研究提供了本能影响动物行为的证据。人们用"关键期"来说明本能的影响。

2. 遗传差异

生物理论强调遗传差异对行为差异的影响，遗传差异如染色体、激素、大脑生理机制等的差异。

总之，生物理论强调，所有行为，包括社会行为，可以用个体的生物本质，如遗传特性、本能以及生理方面的原因加以解释。

知识点 2 学习理论 ★

学习理论强调早期的学习决定了行为方式，认为在任何情境下每个人都会学到某种行为，在多次学习之后这种行为还会成为习惯，以后当相同或者类似的情境再次出现时，个体将会采取惯用的方式作反应。

1. 学习理论的机制

学习理论认为人类的学习主要有3种机制。

①联结（association）：又称经典条件作用，最早是由巴甫洛夫提出来的。巴甫洛夫的条件反射实验是一种对应答行为的研究，其特点是给予一个或者几个已知的刺激。

②强化（reinforcement）：是学习的核心，是指人们学会一种特别的行为是因为这种行为经常伴随着愉快的感受，能满足某种需要，或者可以避免某种不愉快的后果。

③模仿（imitation）：不需要外界的强化，只需要观察他人的行为和结果便可以产生。

2. 学习理论的特点

①假定行为主要是由个人过去的学习经验而来的。

②倾向于将行为的原因归于外在环境，而忽视个人对环境的主观感受。

③通常只解释外表的行为，而非主观的心理状态。

知识点 3 诱因理论 ★

诱因理论认为，行为决定于个体对各种行动可能的结果所作的诱因分析，认为人们以行为后果的有利或者不利为判断基础而决定采取何种行为。社会心理学中有3种重要的诱因理论。

1. 理性决策论

理性决策论是经济学家对人类行为的基本看法，这种理论假设：在选择行为的时候，人们会估计不同行为的利益及代价，而以理性的方式选出最佳行为，也就是以最低代价获得最大利益。理性决策模型常被作为预测个人、公司、政府进行经济抉择时的模型。

2. 交换理论

将理性选择扩大到两个人之间的互动，便是交换理论。这一理论将人机互动视为彼此所做的一连串理性决策。交换理论即人们之间的互动取决于彼此对各种结果的代价及利益所做出的评估。交换理论的重点在于强调相对代价及利益，该理论在分析协商情境时很有价值。

3. 需求满足理论

该理论认为每个人都有某种需求或者动机，一个人之所以有某种行为，是因为这些行为能满足这些需求或者动机。

知识点 4　认知理论 ★

认知理论认为，人的行为决定于他对社会情境的知觉与加工过程。对环境的知觉、组织及解释影响了一个人对社会情境的反应，而这个解释社会事物的过程就是社会认知。

1. 认知理论的两个基本原则

①分类：人们知觉事物的时候，往往根据一些简单的原则将事物进行分类。

②聚焦：将注意力集中到主题上，忽略背景的影响。

2. 一些重要的认知理论

①归因理论：主要说明我们如何解释事情发生的原因。

②认知失调原因：心理上的不适、不协调的存在会推动人们努力减少不协调或者避开相关情境因素而达到协调一致。

知识点 5　角色理论 ★

角色理论强调个体的行为是由其社会角色提供的，该理论最早是由 B.J.Biddle 和 E.J.Thomas 于 1966 年提出的。

角色是指一套与个体在社会中所处地位有关的思想、信念与行为方式。角色理论是从角色、角色期望、角色技能等方面的相关关系中解释行为的原因，有助于我们了解为什么人们的行为会随着他在系统中位置的变化而变化。

知识点 6　社会认同理论 ★

该理论系统地解释了个体所获得的对群体成员身份的认同是影响个体社会知觉、社会态度和社会行为的最重要的因素。

也就是说，人们不仅会从自己个人的成就中获得认同感，也会从同一个群体中的其他人那里得到认同感。

本节小结

本节主要介绍了社会心理学的相关理论；不同的理论从不同的视角解释人类社会心理与社会行为。生物理论强调，所有的行为都可以用个体的生物本质，如遗传特性、本能及生理方面的原因加以解释；学习理论强调早期的学习决定了个体的行为方式；诱因理论强调个体在面对多重选择时，依照自己能从各个行动方案中获得或损失多少利益来做决策；认知理论认为人的行为决定于他对社会情境的知觉与加工过程；角色理论强调个体的行为是由其社会角色提供的；社会认同理论强调个体的行为取决于群体成员身份的认同。

名词总结

社会心理学　　　　　　　　社会心理学的研究领域
社会心理学的产生和发展　　生物理论
学习理论　　　诱因理论　　认知理论　　角色理论

第二章　社会认知

知识导读

　　社会认知是指人们选择、理解、识记和运用社会信息作出判断和决定的过程。本章首先介绍自我以及与自我有关的其他概念；其次介绍归因及其理论以及在归因过程中存在的归因偏差；再次介绍社会知觉、印象形成、社会知觉偏差和社会判断；最后介绍内隐社会认知。

　　本章的重点知识有自我、归因、社会知觉与社会判断，这些重点知识都属于高频考点，几乎每年都有与这些重点知识相关的题目，而且各种题型均有，需要重点掌握；对于内隐社会认知，了解即可，需要注意的是社会态度及内隐社会认知常与说服一起考查。

知识地图

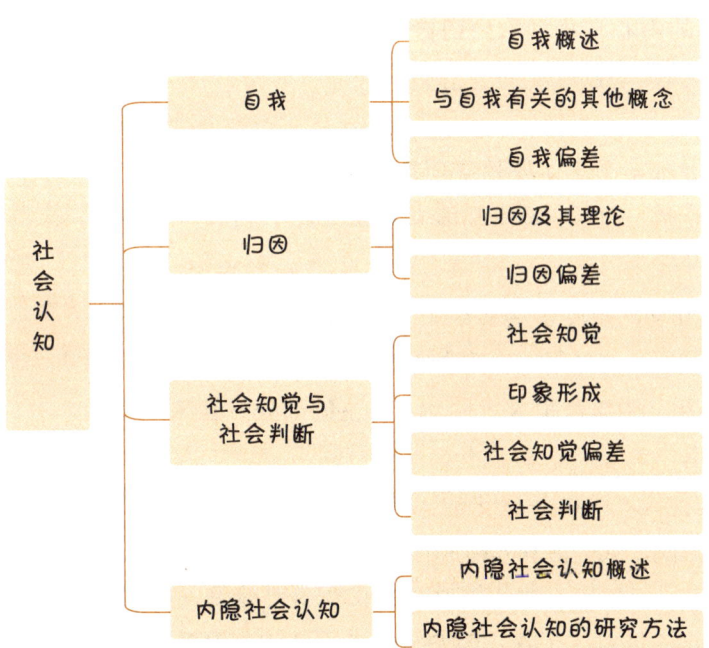

知识精讲

第一节 自 我

知识点 1　自我概述 ★

1. 自我的定义　　>> TIPS ①

自我也叫自我意识，是一个人对自己的内在认知观念。

2. 自我的相关理论

（1）詹姆斯的自我理论

最早研究自我概念的学者是詹姆斯。他将自我分为主体我和客体我。

①主体我表示"自己认识的自我"，即主动地体验世界的自我。

②客体我表示人们对于自己的各种看法，由物质我、社会我和心理我3个要素构成。

a. 物质我：指与自我有关的物体、人或地点，包括自己身体的各个组成部分，以及自己的服装、家中的亲人、家庭环境等。

b. 社会我：指我们被他人如何看待和承认，包括我们给周围人留下的印象、个人的名誉、地位，以及自己在所参加的社会群体中起到的作用等。

c. 心理我：是我们的内心自我，由一切自身的心理因素构成，包括感知到的智慧、能力、态度、经验、情绪、兴趣、人格特征、动机等。

他认为，3种客体我都接受主体我的认识和评价，主体我要求客体我努力保持自己的优势，以受到社会与他人的尊重和赞赏。

（2）米德的自我理论　　>> TIPS ②

米德从社会和个体互动的角度来定义自我，按照符号互动论的思想解释自我及其形成和发展的过程。他的主要观点如下。

①自我的主客体分化。主体我是自我主动、自主的部分；客体我是自我结构的稳定部分。

②影响自我的两类他人。一类是概化他人，即社会文化整体；另一类是重要他人，即影响个人生活和人格成长的中心人物。

③自我形成和发展的3个阶段。

a. 准备阶段：原始的自我尚不能运用符号，只能无意识地模仿他人。

b. 游戏阶段：儿童通过在游戏中扮演不同的重要他人角色，学习其态度和观念，并学会从对方角度看待自己。

c. 社会角色扮演阶段：儿童扮演概化他人的角色，将他人行为

TIPS ①

在金盛华编写的《社会心理学》或时蓉华编写的《新编社会心理学概论》中，自我、自我概念、自我意识的含义是相同的。但也有教材认为，三者是既有联系又有区别的。例如，在迈尔斯编写的《社会心理学：英文版》中，自我包含了自我概念，它由自我概念、自我认识、自尊、社会自我4个部分构成。因此，建议考生按照目标院校指定参考书的表述进行记忆。

TIPS ②

符号互动论：通过分析人们在日常环境中的互动来研究人类生活。

概化他人：不是特指某一个人，而是社会和道德规范，例如，在路上碰到交警时，我们会主动服从指挥，如果不服从指挥，则会面临违反交通规则的处罚。

重要他人：父母、兄弟姐妹、朋友、师长等。

综合为整体印象，从概化他人角度衡量自己的行为，遵守游戏规则，社会的价值观、态度、规范、目标由此内化于个体，形成自我。

（3）弗洛伊德的自我理论　　　　　　　　　　» TIPS ③

弗洛伊德将自我分为本我、自我和超我3个部分。如果本我与超我的冲突不能再被压抑，就会出现两种结果：一是出现精神疾病；二是人在痛苦的挣扎中实现人性的升华。

（4）埃里克森的自我同一性危机理论

埃里克森认为，人的一生要经历一系列的自我同一性危机，对于这些危机，人们会采取积极或消极的方式面对，从而对自我的发展产生重大影响。他提出，采取适当的方式度过危机，会促进自我成熟，建立稳定的自我同一性。

（5）沙利文的人际关系学说

沙利文十分强调自我发展的社会、人际关系基础，特别强调早期的母婴关系。自我的发展来自与他人接触时所体验的感受，以及对他人评价的反映性评价或感知。自我与愉快经验相联系的"好我"、与痛苦和安全受到威胁相联系的"坏我"，以及与难以容忍的焦虑相联系的"非我"或被拒绝的自我部分，都是人际关系经验的产物。

（6）罗杰斯的自我概念理论

罗杰斯认为，自我概念是个人现象场中与个人自身有关的内容，是个人自我知觉的组织系统和看待自身的方式，对一个人的个性与行为具有重要意义。自我概念控制并综合着对环境知觉的意义，高度决定着个人对环境的反应。

罗杰斯将自我分为现实自我和理想自我。

① 现实自我：指个人对自己受环境熏陶炼铸，在与环境相互作用中所表现的综合的现实状况和实际行为的意识，它是自我现实的、社会存在的真实反映。

② 理想自我：指个人经由理想或为满足内心需要而在意念中建立起来的有关自己的理想化形象。

（7）自我图式理论　　　　　　　　　　　　　» TIPS ④

自我图式理论由马科斯提出。所谓自我图式，是指自我概念的组成要素，指个体对有关自己某些具体的能力与特征的认知。自我图式作为自我概念的存在方式，会对我们认知周围世界和获取、记忆信息等发挥模式化影响。

此后，马科斯又进一步提出了可能自我与动态自我的概念。

a. 可能自我：基于自我图式而指向未来的自我概念，即个体希望自己在某一方面将来会怎样或者该怎样。

b. 动态自我：在某一特定时刻的自我概念。

弗洛伊德和埃里克森的理论在《发展心理学》中均有详细介绍，可结合本套数中《发展心理学》的第二章进行学习。

无论是影视剧中的角色还是明星偶像，都有一个人设。人设即一种自我图式，它解释了"我是谁""我想要满足什么需求""我的价值何在"等一系列问题。

（8）自我差异理论 >> TIPS ⑤

希金斯提出了自我差异理论。他认为，个体知觉到的自我概念包含 3 个部分：理想自我、应该自我和现实自我。

①**理想自我**：自己和他人希望自己在理想状况下将成为什么样的人。

②**应该自我**：自己和他人认为自己应该成为什么样的人。

③**现实自我**：自己现在是什么样的人。

3. 自我概念的功能

伯恩斯提出，自我概念具有保持内在一致性、解释经验和决定期望等 3 种功能。

①**自我一致性维持**：自我概念使人保持内在一致性，个人需要按照保持自我看法一致性的方式行动。

②**经验解释**：自我概念具有经验解释系统的作用，一定经验对个人具有怎样的意义取决于个人在怎样的自我概念背景下做出评价。

③**期望定向**：人们对情境和自己行为的期望是受自我概念引导的。在各种不同的情境中，人们对于事情发生的期待和自己在情境中如何行为，都高度决定于自己的自我概念。

4. 自我概念的构建途径

（1）从自己的行为推断：人们常由自己的所作所为来推断内在自我概念。

（2）从他人的行为反应推断："别人认为我是怎样的"，他人对我们的反应是我们了解自己的主要途径之一。

（3）通过社会比较推断：通过与别人的比较，人们会对自己有更清楚的认识。

（4）通过自我意识来推断：我们可以通过让人们反省自己来了解他的自我。

知识点 2　与自我有关的其他概念 ★ >> TIPS ⑥

1. 自我参照效应

（1）自我参照效应指当信息与我们的自我概念有关时，我们会对它进行快速的加工和很好的回忆。

（2）自我参照效应可以阐明生活中的一个基本事实：我们对自我的感觉处于我们世界的核心位置。由于我们倾向于把自己看成世界的核心，因此我们会高估别人对我们行为的指向程度。

2. 自我觉知

（1）含义：自我觉知是指个体把自己当作注意对象时的心理状态。

（2）巴斯把自我觉知分为内在自我觉知和公众自我觉知。

①**内在自我觉知**：指个体对自己内部特征和感受比较重视。内

TIPS ⑤

理想自我：在心仪的高校中读研。

现实自我：现在正在自习室学习备考，时不时拿出手机来走个神。

应该自我：聚精会神地认真备考。

TIPS ⑥

侯玉波编写的《社会心理学》（第 5 版）中有对"自我图式"概念的介绍，而前文在介绍自我图式理论的时候已对自我图式进行了介绍，此处不再赘述。

在自我的人常常夸大自己的情感反应，坚持自己的行为标准与信念，不太会受外界环境的影响。

②**公众自我觉知**：指个体对自己的外在方面比较在意。外在自我的人看重外界他人的影响和反馈，害怕别人评价自己，常常比较在乎外在的行为标准。

3. 自尊

（1）自尊的含义

自尊是人的自我概念中与情绪有关的内容，指一个人如何肯定与赞扬自己，是自我评价的重要维度。拥有自尊是人格成熟的重要标志。

（2）自尊的确立有两条途径：

①让个体获得控制环境的成功经验。

②获得积极的评价。

（3）提高自尊的方法：

①学会用自我服务的方式解释生活。

②用自我障碍的策略为失败找借口。

③使用防御机制否认或者逃避消极的反馈。

④学会向下比较以及采用补偿作用。

⑤在自己某一方面的能力受到怀疑时转到自己擅长的活动上去。

4. 自我提升

（1）又叫自我美化或自我强化，指个体以一种有利于对自己做正面评价的方式，收集和解释有关自我的信息。

（2）从某种意义上来看，自我提升实际上是一种**自利偏差**。

5. 自我确认

（1）个体寻找和解释情境，以证实自我概念的过程。

（2）人们通过自我提升，使得他人对自己有一个较高的评价，从而有助于个体自尊的建立；通过自我确认，使别人对自己有一致性的认识，也有助于提高自尊水平。

6. 自我效能

由班杜拉提出，指一个人对自己有能力完成特定任务的信念。

7. 自我表演

（1）含义：也叫自我展示，是指人们在别人对自己形成印象时所做出的表现。

（2）自我表演的策略

①自我抬高：通过行动或语言把自己的正性信息呈现给别人。

②显示：向他人显示自己的正直和有价值，引起他人的内疚。

③谦虚：故意低估自己的良好品质、成就和贡献。

④恳求：向他人表达自己的不足与依赖，引起他人的同情。

⑤恫吓：用威胁的方法使他人接受自己的观点。

⑥逢迎：说他人喜欢的话，俗称拍马屁。

8. 自我障碍

（1）人们提前准备的、用来解释自己预期失败的一系列行为。

>> TIPS ⑦

（2）当失败可能会出现时，人们会采用自我障碍的方式。使用这种策略，如果失败了，就可以使得他人不把我们的失败归结于我们缺乏能力，而如果成功了，就可能做出能力的归因。

9. 自我监控

人们在与他人交往的过程中，根据别人的表现来决定自己的行为。

10. 体像

用来描述与个体对自己躯体知觉有关的现象的总称。

11. 自我控制

（1）含义：指克服冲动、习惯或自动化反应，有意识地掌控自己的行为方向，以实现长期目标的能力，它是自我的核心执行功能之一。

（2）自我损耗效应：某一领域的自我控制努力在消耗了能量以后，其他领域能够获得的能量会相应减少，把能量花在一件事情上会限制你在其他事情上施加自我控制的能量。

（3）提高自我控制的策略：

a. 提高动机水平：如果具备足够的动机，即使处于损耗状态，自我也有可能做到良好的控制。

b. 形成具体的执行意图：制定关于何时、何地，以及如何实现目标并避免诱惑的计划。

c. 安排好周围环境以避免诱惑。

d. 充分休息：自我控制力量经过一段事件的休息后能恢复。

e. 保持积极情绪：积极情绪具有能量激活效应，可以增强自我控制力量。

12. 自我连续性

在时间维度上对自我进行划分，可以将其划分为过去自我、现在自我和未来自我。自我连续性指个体对不同时间段的自我之间的联系程度的主观感受，即尽管知道有各自各样的心理或生理变化，自我的内核仍然保持相似性，个体感受到过去、现在和将来的自我是同一个自我。

知识点 3 自我偏差

1. 焦点效应

焦点效应指人们在自我观察时，会高估自己的突出程度，把自

TIPS ⑦

我相信通过努力学习，我一定能考研成功。

己看作一切的中心，高估别人对自己的注意度的现象。

和焦点效应相对应的是透明度错觉，即人们认为自己隐藏的情绪一旦外露，就会被别人发现的错觉，实际上别人可能根本看不出来。

2. 自利偏差

自利偏差也称为自我服务偏见，指当我们加工和自我有关的信息时，会出现一种潜在的偏见：一边为自己的失败开脱，一边欣然接受成功的荣耀，在多数情况下，人们觉得自己比别人好的倾向。

<u>印象管理理论</u>可以较好地解释归因中的自理偏差，即人们总是试图创造一个特殊的、良好的印象以使他人对自己有一个良好的评价。

3. 盲目乐观

人们对自己的认知有时候会出现盲目乐观的倾向。

人们对未来的生活事件盲目乐观，部分是因为他们对别人命运的相对悲观。由于相信自己总能逢凶化吉，对一些可能的失败，人们往往不去采取明智的预防措施。

防御性悲观主义可以克服盲目乐观的弊端。防御性悲观主义者会预见问题的发生，并且促使自己进行有效的应对。另外，对中国人来说提示将来事件的风险因素也能降低盲目乐观的水平。

4. 虚假一致性和虚假独特性

①<u>虚假一致性效应</u>：指过高地估计别人对我们观点的赞成度以支持自己的立场。

②<u>虚假独特性</u>：在能力方面，当我们干得不错或获得成功时，虚假独特性效应更容易发生。人们把自己的智慧和品德看成是超乎寻常的，以满足自己的自我形象。

> **本节小结**
>
> 本节主要介绍了自我概念以及与自我有关的其他概念。在自我概念概述部分，主要介绍了自我概念的定义、相关理论、结构和功能，不同的研究者对自我有不同的划分方法，考生在学习时要注意区分。在与自我有关的其他概念部分，介绍了自我觉知、自尊、自我提升、自我确认、自我效能等概念，这些概念容易混淆，考生要进行对比记忆。

第二节 归　因

知识点 1　归因及其理论 ★★★

1. 归因的含义　　　　　　　　　　》TIPS ①

归因是指根据有关的外部信息、线索判断人的内在状态，或依据外在行为表现推测行为原因的过程，也称归因过程。

TIPS ①

例如，对于那些一夜成名的明星，有人认为是他们自身的素质和努力使他们成功，有人则认为是机遇成就了他们，还有人认为一夜成名仅仅是媒体炒作的结果，这些都属于不同的归因。

2. 归因理论

（1）海德的归因理论

海德将行为的原因分为<u>外部因素</u>（如外界压力、天气、情境等）和<u>内部因素</u>（如情绪、态度、人格、能力等）两种。在对原因做出推测的时候，人们经常使用以下两个原则。

①<u>共变原则</u>：某个特定的原因在许多不同的情境下和某个特定的结果相联系，当原因不存在时，结果也不出现，我们就可以把结果归于该原因。　》TIPS ②

②<u>排除原则</u>：如果内部因素或外部因素这两者之一足以解释整个事件，我们就可以排除另一方面的归因。　》TIPS ③

（2）韦纳的归因理论　》TIPS ④

①归因的维度

韦纳认为，<u>内因和外因</u>的区分只是归因的维度之一，在归因时人们还从另外一个维度，即<u>稳定与不稳定</u>的角度看待问题。此后，韦纳进一步提出了归因的第三个维度：<u>可控性</u>，即事件的原因是个人能力控制之内还是之外。这三个维度经常并存，如图2-1所示。

项目素	成败归因唯独					
	控制点		稳定性		可控性	
	内部	外部	稳定	不稳定	可控	不可控
能力高低	√		√			√
努力程度	√			√	√	
任务程度		√	√			√
运气好坏		√		√		√
身心状态	√			√		√
外界环境		√		√		√

图 2-1　韦纳成败归因维度

②归因结果对个体的影响

a. <u>内外因影响对成败的情绪体验</u>。

把成功归结为内部原因，会使学生感到满意和自豪；把失败归结为内部原因，会使学生产生内疚和无助感。

把成功归结为外部原因，会使学生产生侥幸心理；把失败归结为外部原因，会使学生产生气愤和敌意。

b. <u>稳定性影响情绪与对未来成败的预期</u>。

把成功归结为稳定因素，会提高学习的积极性；把失败归结为稳定因素，会降低学习的积极性。

把成功归结为不稳定因素，可能会提高学习的积极性，也可能会降低学习的积极性；把失败归结为不稳定因素，会使学生感到生气。

例如，一个人老是在考试前闹情绪，而其他时候却很愉快，我们就会把闹情绪和考试联系起来，把闹情绪归于考试而非人格。

例如，凶残的罪犯又杀了人，我们在对他的行为进行归因的时候就会排除外部因素，而归于他的本性等内部因素。

如果一个人把考试失败归因于能力欠缺，那么以后考试还会失败，这是因为能力是一个稳定性的原因；如果把考试失败归因于运气不佳，那么以后考试就不大可能失败，这是因为运气是一个不稳定性的原因。

c. **可控性影响情绪反应和行为**。

把成功归结为可控因素，学习的信心会提升；把失败归结为可控因素，学生会很内疚，认为自己可以通过努力改变失败现状。

把成功归结为不可控因素，学生的信心会下降；把失败归结为不可控因素，学生的心情是沮丧的，甚至是绝望的。

（3）凯利的三维理论　　　　　　　　　　　　>> TIPS ⑤

① 3个方面。凯利借鉴了海德的共变原则，认为任何事件的原因最终可归为3个方面：**行动者**、**刺激物**以及**环境背景**。

② 3种信息。在归因时，人们要使用以下3种信息。

a. **一致性信息**：其他人也如此吗？

b. **一贯性信息**：这个人经常如此吗？

c. **独特性信息**：是否此人只对这个刺激以这种方式反应，而对其他刺激没有同样的反应？

③ 三维归因结果。

表 2-1 是凯利的三维归因表。

表 2-1　凯利的三维归因表

一致性	一贯性	独特性	归因于
低	高	低	行为主体
高	高	高	刺激物
低	低	高	环境背景

④ 在归因过程中，人们还会使用**折扣原则**，即特定原因产生特定结果的作用将会由于其他可能的原因而被削弱。

（4）罗特的控制点理论

罗特把个体对于强化的偶然性程度所形成的普遍信念称为**控制点**。控制点的思想表明，个人对自己生活中发生的事件的后果会有不同倾向的归因，归因分为内控、外控两种类型。

① **内控型**：控制点在个人内部，强调结果由个体的自身行为造成，或由个体的稳定的个性特征决定。

② **外控型**：控制点在个人之外，强调结果是由各种个人不能控制的外部力量造成的。

（5）阿伯拉姆森的归因风格理论

阿伯拉姆森提出了抑郁型和乐观型的归因风格，并将其与日常生活联系起来。

① **抑郁型归因风格**：常把消极事件归因于内部、稳定和整体的因素，把积极事件归因于外部、不稳定和局部的因素，所以他们常常会从消极的角度解释生活和理解他人。

TIPS ⑤

你看到一家餐厅的老板在骂某个员工，你认为会是什么原因？

① 一致性信息：大家都会骂这个员工。

② 一贯性信息：这个员工经常挨骂。

③ 独特性信息：老板不骂别人，只骂这个员工。

只有在一致性、一贯性和独特性都很高的时候，我们才能得出"这个员工有问题"的结论。也就是说，我们是从3个方面信息的协变得出结论的。

②**乐观型归因风格**：常把积极事件归因于内部、稳定和整体的因素，把消极事件归因于外部、不稳定和局部的因素。

（6）相应推断理论（对应推断理论、一致性推断理论）

琼斯、戴维斯提出了相应推断理论。**相应推断**指外显的行为是由行动者内在的人格特质直接引起的，或者说，一个人的行为与其人格特质是一致的。该理论试图解释在什么条件下我们可以把事件归因于他人的内在特质，即人格、态度、心情等。　　》TIPS ⑥

①做出推断需要以下两个条件。

a. 行为的非期望性与非顺从性。　　》TIPS ⑦

b. 行为的自由选择性。　　》TIPS ⑧

②相应推断的过程受以下因素影响。

a. **行为结果的严重性**：如果行为结果严重，对其原因的推断就比较困难。

b. **社会赞许性**：某种行为是社会一般人所希望、期待、接受的。某种行为越易被社会赞许，就越难对其原因进行推断。　　》TIPS ⑨

c. **非共同性效应**：非共同性即独特性。非共同性因素越少，则相应推断的可靠性越高。　　》TIPS ⑩

d. **选择自由性**：如果某种行为是个体自由选择的，则此行为与其内部品质相对应，否则就难以做出判断。

（7）异常条件聚焦模型

希尔顿、斯拉格斯基认为，人们在进行归因时主要借助于逆向标准和对照标准来推断。

①**逆向标准**：当人们寻找结果的原因时，会反过来思考如果没有这种原因，那么这种结果是否还会产生。　　》TIPS ⑪

②**对照标准**：人们把目标事件与没有发生该事件的背景事件进行对照，以直接确定目标事件的原因。　　》TIPS ⑫

异常条件聚焦模型认为，归因过程有两个步骤：一是**通过逆向标准确定事件产生的必要条件**；二是**通过对照标准确定所有的必要条件中的异常条件**。也就是说，逆向标准帮助我们了解事件或行为发生的必要条件，对照标准则从必要条件中确定充分条件。

知识点 2　归因偏差 ★

1. 基本归因偏差 / 误　　》TIPS ⑬

（1）含义

基本归因偏差是指当对他人行为进行归因时，人们往往**倾向于将行为归因于内在因素，低估情境因素的作用**。由于文化不同，西方国家的人倾向于用个体因素解释事件，而亚洲国家的人多用情境

相应推断：例如，当我们看到某个人喜欢同别人吵架时，如果我们认为这个人天生就具有攻击性，那么我们所采取的就是一种相应推断的方法。

例如，我们认为一个好人不应该说谎。当一个人做出欺骗行为时，我们就会推断这是一个不道德的人。

例如，当一个人的欺骗行为不是因为有苦衷而是他的自主选择时，我们会推断他的行为代表了他的内心，从而认为他是一个不道德的人。

例如，碰到熟人问好是一种社会赞许性高的行为。但如果仅仅根据这种行为就推断一个人彬彬有礼、很有教养是远远不可靠的。

例如，有一群学生走进书店，他们扫视书架，翻阅新书，这些共同性行为可以说明这些学生是想买书的。但当其中某个学生称呼书店老板为"舅舅"时，这一非共同性行为有助于我们做出"他或许是来看望亲戚的"的相应推断。

在一个离异家庭中，孩子的心理出现了问题，如果父母没有离异，孩子的心理还会出现问题吗？

归因。

（2）犯这种错误的原因

①首要的原因和情境有关，因为当人们尝试解释他人行为时，注意会集中在人的身上，而不会意识到周围的环境。

②此外，基本归因偏误依赖于个人的心理理论。

③基本归因偏误会使一个人高估其他人的知识。

④基本归因偏误也会受到文化背景的影响。西方人看重内部归因，强调个体或群体的性格特质决定对事情的处理方式，而东方人看重外部归因，强调个体或群体处理事情的方式受所处背景、外部环境的影响。

2. 活动者－观察者效应

（1）含义

活动者－观察者效应指**活动者对自身行为的归因不同于他人（观察者）对此行为的归因**。活动者倾向于把成功归因于个人，把失败归因于情境；而观察者更多地把成功归因于情境，把失败归因于个人。

（2）产生这种归因偏差的可能原因

①活动者和观察者的着眼点不同。

②活动者和观察者的信息来源不同。

3. 自我服务偏差 >> TIPS ⑭

（1）含义

自我服务偏差又称自利偏差，指人倾向于**把别人的成功和自己的失败归因于外部因素，把别人的失败和自己的成功归因于内部因素**。自我服务偏差往往随自我卷入的深浅程度而不同，自我卷入的程度越深，自我服务的程度越高。

（2）产生自我服务偏差的原因

①自己在活动中的作用和贡献更容易被注意。

②回忆自己的作用和贡献更容易。

③接受信息的差异可能导致我们认为自己的作用更大。

④某些动力因素的存在促进了自我服务偏差。

> **本节小结**
>
> 本节主要介绍了归因相关的知识点，具体包括归因的含义、归因理论和归因偏差。归因理论，尤其是海德、韦纳和凯利三人的理论，要作为重点进行记忆，这部分内容常以简答题、论述题等题型进行考查。要注意理解各种归因偏差，这部分内容常以选择题和名词解释等题型进行考查。

例如，把父母离异和未离异的家庭进行对比，以此来确定父母离异是不是孩子心理出现问题的原因。

例如，很多热恋中的情侣把对方献殷勤看作其关心他人的良好品质，而忽视了"双方在热恋"这一特定的情境因素。

例如，当考试考得好时，学生大多归因于自己能力强、准备充分等内部因素；当考试考得差时，学生大多归因于试题太难、打分太严等外部因素。

第三节 社会知觉与社会判断

知识点 1 社会知觉 ★

1. 社会知觉的定义 >> TIPS ①

社会知觉又称社会认知,最初由布鲁纳提出,是人们对各种社会性的人或事物形成的直接的整体性印象,主要是指对人的知觉。

2. 社会知觉的图式

(1)含义

图式是一套有组织、有结构的认知现象,它包括我们对人物、事件的认识。

(2)图式的分类

① 个人图式:我们对某一特殊个体的认知结构。 >> TIPS ②

② 自我图式:人们对自己的认知结构,与自我概念联系紧密。

③ 团体图式:我们对某个特殊团体的认知结构,有时也叫团体刻板印象。

④ 角色图式:人们对特殊角色的认知结构。 >> TIPS ③

⑤ 剧本:人们对事件或事件的系列顺序的图式,尤其指一段时间内一系列有标准过程的行为。 >> TIPS ④

(3)图式的作用

① 解释新信息,从而做出有效的推论。

② 提供某些事实,填补原来知识的空白。

③ 使人对未来可能发生的事件的预期结构化,以便将来有心理准备。

知识点 2 印象形成 ★

1. 印象形成的含义

(1)印象形成是对他人形成印象的过程,指把他人若干有意义的人格特性进行概括、综合,形成一个具有结论意义的特性的过程。

(2)阿施最早对此进行了系统的研究,阿施把人格特性分为中心特征和边缘特征,结果发现对他人的印象形成主要是按照中心特征,边缘特征所起的作用不大。

2. 印象形成的过程

(1)第一印象

① 在与陌生人交往的过程中,所得到的有关对方的最初印象叫第一印象。

② 第一印象中最重要、最有力的是评价,即在多大程度上喜欢

TIPS ①

在社会心理学中,知觉不仅包括对人、对群体的外部特征的知觉,即形成印象,而且还涉及对有关信息的思维加工,包括记忆、推理、判断、理解和解释等复杂环节。这种知觉实际上属于认知,所以有研究者主张用社会认知来代替社会知觉,但社会认知侧重于从认知结构或图式的概念来探讨社会知觉的过程。

TIPS ②

例如,我们对毛主席的个人图式:勇敢、自信、百折不挠等。

TIPS ③

例如,我们对教授这个特殊角色的图式:年纪大、知识渊博等。

TIPS ④

剧本可以理解为拍vlog的脚本,一个日常vlog的拍摄需要确定什么时候起床,什么时候吃饭,一天要干些什么,等等,vlog的脚本就符合剧本的定义。

或讨厌对方。评价是人们对他人形成印象的基本维度。

（2）整体印象

①**加法模式**：费希本认为，一个人在肯定评价上的特征越多，给人的总体印象越好，越容易被人们接纳；反之，消极评价越多，给人的总体印象越差，越难被人们接纳。

②**平均模式**：安德森认为，可以通过将各个特征的分值加以平均，根据得到的平均值来形成对一个人的总体印象。

③**加权平均模式**：对他人形成总体印象的方法是将所有特质加以平均，并对较重要的特质给予较大的权重。这是形成总体印象时经常使用的模型。

» TIPS ⑤

负性效应：指人们在对他人形成整体印象时，与正性信息相比，对负性信息会给予更大的权重。

知识点 3　社会知觉偏差 ★★★

1.常见的社会知觉偏差

（1）首因效应与近因效应　　　　　　　　　　　» TIPS ⑥

①**首因效应**：在总体印象形成上，最初获得的信息比后来获得的信息影响更大的现象。

②**近因效应**：在总体印象形成上，新近获得的信息比原来获得的信息影响更大的现象。

在与陌生人交往时，首因效应会起较大的作用；而在个体感知熟人时，如果对方在行为上出现了某些新异的举动，则近因效应的作用会更明显。

（2）晕轮效应与负晕轮效应　　　　　　　　　　» TIPS ⑦

①**晕轮效应**：又叫成见效应、光圈效应、光环效应，指评价者对一个人的多种特质的评价往往受其某一高分特质的影响而普遍偏高。

②**负晕轮效应**：又叫扫帚星效应，指评价者对一个人的多种特质的评价往往受自己对这个人的某一低分特质的印象的影响而普遍偏低。

（3）预言自动实现效应

预言自动实现效应又称自我实现的预言，指最初对一种情境的错误解释会引起某种预料的行为，使错误的预料成为现实。预言自动实现效应的经典证明是罗森塔尔发现的期望效应，即皮格马利翁效应。

» TIPS ⑧

（4）积极性偏差

①含义：积极性偏差也称正性偏差、宽大效应、慈悲效应，指

TIPS ⑤

例如，当公司招聘高级技术开发人员时，招聘者可能会更注重应聘者的能力，而不是看其是否有魅力。

TIPS ⑥

首因效应：例如，贾宝玉对林黛玉的第一印象在两人的交往中起到了先入为主的作用。

近因效应：例如，某人一向工作勤勤恳恳，遵守纪律，但近来严重违反纪律一次，于是他被认为是个不守纪律的人。

TIPS ⑦

晕轮效应是一种"以偏概全"的评价倾向，严重者可以达到"爱屋及乌"的程度，即只要认为某人不错，便认为他所使用的东西、他的朋友和家人都不错。例如，粉丝对偶像常存在晕轮效应。

TIPS ⑧

例如，在英国纪录片《人生七年》中，几乎所有的孩子都准确地"预言"了自己的人生。

个体在评价他人时，往往更多地对他人作出积极的、肯定的评价，即评价他人时总有一种特别宽容的倾向。

②对于这种偏差发生的原因有两种解释：

a. 极快乐原则：马特林提出，它强调人们的美好经验对评价他人的影响，认为当人们被美好的事物包围着的时候，即使后来发生了一些不愉快的事情，人们依然会依据美好的经验对自己所处的环境做出有利的评价。

b. 第二种解释仅限于我们对人的评价：西尔斯认为，人们对所评定的他人有一种相似感，因此人们对他人的评价要比对其他物体的评价更宽容。人们倾向于对自己做较好的评价，所以对他人的评价也比较高。

（5）自我中心偏差

自我中心偏差指人们常常夸大自己在某种事物中的作用的倾向。

（6）证实偏差

证实偏差指人们既有的观念或期望会影响其社会知觉和行为。人们总是有选择地解释并记忆某些能够证实自己既存的信念或图式的信息。　　　　　　　　　　　　　　　　　　　　　》TIPS ⑨

（7）后视偏差

后视偏差指人们在回忆自己的判断时，倾向于认为其判断比实际上更为精确，即"事后诸葛亮"。　　　　　　　　　　　》TIPS ⑩

2. 影响社会知觉偏差的因素

（1）认知启发

认知启发是指人在社会认知中喜欢走"捷径"，不是对关于他人的所有信息进行感知，而是倾向于"抄近路"，感知那些最明显、对形成判断最必要的信息的现象。在面对不确定事件的判断时，人们常采用以下3种启发。

①**表征性启发**：人们根据当前信息或事件与其认为的典型信息或事件的<u>相似程度</u>进行判断。这种启发认为，个体与某一群体的一般成员越相似，他就越有可能是那个群体中的一员。　　》TIPS ⑪

②**可用性启发**：哪些信息<u>容易被回忆和联</u>想，人们就倾向于根据哪些信息进行判断的现象。相比于与不容易回忆的信息相联系的事件，与容易回忆的信息相联系的事件被认为更平常、更多见、更易发生。　　　　　　　　　　　　　　　　　　　　》TIPS ⑫

③**调整性启发 / 锚定启发**：首先抓住某个锚定点，然后逐渐调整，最后得出结论的判断方法。这种启发适合对模糊信息进行评价。　　　　　　　　　　　　　　　　　　　　　》TIPS ⑬

④**基础比例信息**：指人们按照总体中不同类别的成员所占的相

例如，如果我们认为某人是外向的，以后就会对这个人所表现出的与外向有关的品质更加注意，并容易回忆起来。

例如，以前对某个人的评价并不是很贴切，但当这个人做出某种行为之后，就说："看，我早就知道他是这样的人。"

假如你第一次见到你的邻居，经过简短的交谈你发现她很注重整洁，读过很多书，谈话时使用的词汇很丰富，有些内向，衣着比较朴素。可她没有告诉你她的职业是什么，了解她的职业的简便方法就是将她的特征与你所见过的从事某种职业的人的典型特征进行比较，看她在多大程度上与从事这种职业的人相似。

例如，航空事故给人们的印象深刻，容易使人们想起相关的新闻报道，导致人们相信乘坐火车比乘坐飞机更安全。

例如，某同学买了一套衣服，他让你猜他花了多少钱，你没有买过这种衣服，但你知道你的一位朋友买了一套类似的衣服所花的钱，于是你就可以说出这套衣服的大致价格。在这里，虽然你对他人所问的事情并不了解，但是你可以首先找出类似事件作为锚定点，然后根据它稍加调整得出最后的判断。

对比例的信息做出判断。

（2）与知觉者有关的因素

①**知觉者的情绪状况**：知觉者的情绪状况直接影响印象形成过程中信息的选择与解释，因而影响印象的准确性。

②**投射作用**：人们由于自己的需要和情绪倾向，将自己的特征投射到别人身上。

③**内隐人格**：凯利认为，每个人对人都有不同于别人的独特理解，人们的各种个性品质相互联系，只要认识其中一种占重要位置的个性品质，就可推知其他个性品质。　　>> TIPS ⑭

④**知觉者对被知觉者的熟悉与个人情感卷入**：人与人之间很熟悉并不能增加印象判断的准确性，反而会降低其准确性。随着个人情感卷入的增加，人们选择和理解信息的客观性会下降，从而使人们的印象判断的准确性变差。

知识点 4　社会判断 ★

社会判断指一个人对社会性质的自我主观意识，也指社会舆论对某个人、某件事的评价。

同时，社会判断也是一个比较的过程。人们会把需要评估的目标与适当的准则或标准进行比较。比较的结果有时会产生对比效应，有时会产生同化效应。

> **本节小结**
>
> 本节主要介绍了社会知觉与社会判断，包括社会知觉的定义和图式、印象形成的含义和模式、社会知觉偏差、社会判断。考生要牢记各种社会知觉偏差的定义，这部分知识常以选择题、名词解释等题型进行考查，考生要注意对比记忆，通过举例进行理解，切勿混淆。

第四节　内隐社会认知

知识点 1　内隐社会认知概述 ★

1. 内隐社会认知的含义

内隐社会认知是**格林沃德**提出的，指在社会认知过程中，虽然个体不能回忆某一过去的经验，但这一经验对个体的行为和判断具有潜在影响的认知现象。它具有**社会性**、**积淀性**、**无意识性**、**启动性**等特征。

2. 内隐社会认知的研究内容

内隐社会认知主要包括内隐刻板印象、内隐自尊、内隐社会知

TIPS ⑭

内隐人格和晕轮效应的关系：内隐人格理论强调，可由个人所具备的一种品质推断其他品质。可将其理解为一种个人图式。例如，如果一个人很内向，别人就会推断他也胆小、消极等。晕轮效应则强调以偏概全。这两种现象都有将复杂信息简化处理的倾向。

觉、内隐社会态度等。

①**内隐刻板印象**指个体因受过去经验的影响，而对某一社会群体或阶层形成一种概括固定的看法，但个体自身通常意识不到这些过去经验对自己所产生的影响。

②**内隐自尊**是针对主体自我的一种**无意识的评价**和**态度**，是自我态度长期积累形成的自动化状态，往往表现出一种积极倾向。

③**内隐社会知觉**是个体对社会信息的一种无意识获得，属于内隐社会认知的初级阶段。周爱保等人曾开展了一系列研究来探讨内隐社会知觉的特性和规律。

④**内隐社会态度**是个体对事物所持的积极或消极的认知、情感或反应，由不自觉的以往经验或不能归因于以往某一确定经验引起。

知识点 2 内隐社会认知的研究方法 ★

1. 早期的投射测验法

例如，让被试根据一幅抽象的图片、照片或抽象的刺激，讲故事或进行联想式描述，可以获得被试本人许多不自觉的内隐心理内容。

2. 补笔法

在被试学习一系列单词后，主试给被试提供单词的缺笔词，要求被试把心中想到的单词写出来。

3. 阈下条件法

主试先迅速地给被试呈现一组富有感情色彩（愉快／不愉快）的刺激物，再呈现中性刺激物，测查其是否对原来的中性刺激做出了情感性判断。

4. 反应时法

根据被试完成判断任务的反应时的差异来考察其内隐社会认知效应。

5. 内隐联想测验

内隐联想测验是一组计算机化的分类任务，以反应时的差异为指标来测量概念间内在的联系强度，从而间接反映个体的内隐心理倾向。

本节小结

本节主要介绍了内隐社会认知的定义、研究内容和研究方法，考生要重点掌握它的定义，其容易作为名词解释或选择题出现在考试中。

名词总结

自我概念	自我	自我意识	主体我
客体我	概化他人	重要他人	自我图式
可能自我	动态自我	理想自我	应该自我
现实自我	自我一致性维持	经验解释	期望定向
自我觉知	自尊	自我提升	自我确认
自我效能	控制点	归因	一致性信息
一贯性信息	独特性信息	逆向标准	对照标准
基本归因偏差	活动者—观察者效应		自我服务偏差
社会知觉	图式	印象形成	首因效应
近因效应	晕轮效应	负晕轮效应	预言自动实现效应
积极性偏差	自我中心偏差	证实偏差	后视偏差
虚假一致性偏差	投射作用	内隐人格	表征性启发
可用性启发	调整性启发	社会判断	内隐社会认知

第三章　社会态度

知识导读

态度是个体对某一特定事物、观念或他人的稳固的心理倾向。本章首先介绍态度的含义、成分、维度、功能和测量；然后介绍态度的形成和改变；最后介绍与态度改变密切相关的说服，包括说服的含义与组成部分、说服的模型以及影响说服效果的因素。

在考试中，本章中的社会态度概述部分考查得相对较少，考生理解即可；态度的改变与说服部分是高频考点，会以多种形式进行考查，考生需重视。

知识地图

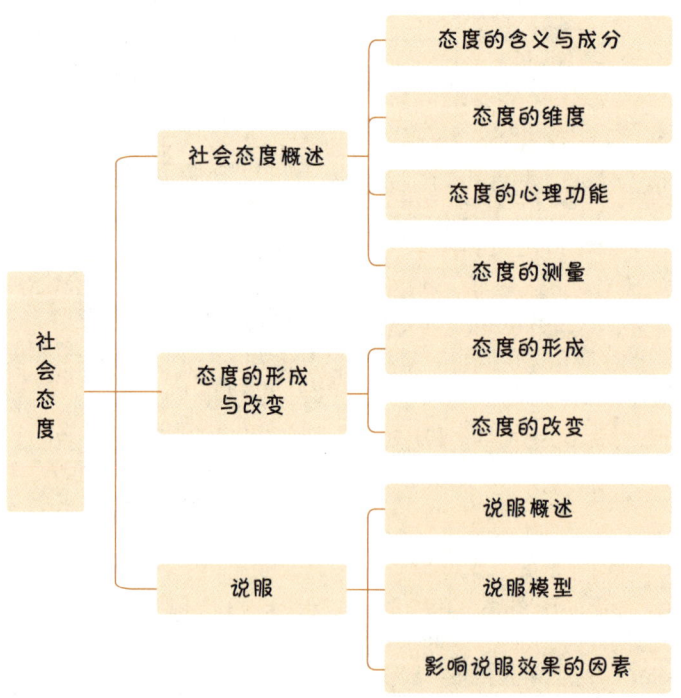

知识精讲

第一节　社会态度概述

知识点 1　态度的含义与成分

1. 态度的含义

社会态度的本质是态度。态度是由认知、情感、意向3个因素构成的，比较持久的个人的内在结构，它是外界刺激与个体反应之间的中介因素。

2. 态度的成分　》TIPS ①

①认知因素：规定了态度的对象，其对象可以是人、物、群体、事件，也可以是抽象概念等。认知成分是态度其他成分的基础。

②情感因素：个人对态度对象的一种内心体验。情感因素是态度的核心与关键，情感既影响认知因素，也影响意向因素。

③意向因素：对态度对象的反应倾向，即行为的准备状态。其会影响人们将来对态度对象的反应，不等于外显行为。

知识点 2　态度的维度 ★★

①指向：态度的方向，指人们对态度对象是肯定还是否定。

②强度：态度的极端性，即积极或消极的程度。

③深度：态度主体在一种态度对象上的卷入水平。其指标通常是一种态度得不到支持时所产生的挫折感强度。

④向中度：一种态度在个人态度系统和相关的价值系统中接近核心价值的程度。其指标是一种态度与一个人根本信念关联的水平或价值系统中心的关系。

⑤外显度：也称明显度，指态度主体在一种态度上所表现的外露程度。

知识点 3　态度的心理功能 ★★

①效用功能：也叫适应功能，这种功能使得人们寻求酬赏与他人的赞许，形成那些与他人要求一致，并与奖励联系在一起的态度，而避免那些与惩罚相联系的态度。

②知识功能：从认知心理学的观点出发，态度有助于我们组织有关的知识，使世界变得有意义，对有助于我们获得知识的态度对象，我们更可能给予积极的态度，这一点相当于认知图式的功能。

③自我保护功能：态度有助于人们应付情绪冲突和保护自尊，这种观念来自精神分析的理论。　》TIPS ②

TIPS ①

例如，如果某人认为某种族是懒惰而不友好的，那么他可能就会不喜欢这个种族的人，对他们产生歧视，并远离他们。

TIPS ②

例如，某人工作能力低，他却经常抱怨同事和领导。实际上，这种负性态度可以让他掩盖真正的原因，即他的能力不行。

④**价值表达功能**：态度有助于人们表达自我概念中的核心价值。

>> TIPS ③

例如，某人参与游行，这表明他赞同这一游行的主题，并拥有这方面的价值观，以及对某些群体认同的自我概念。

知识点 4 　态度的测量 ★

1. 直接测量

直接测量的方法包括自陈法、行为观察法和问卷法等。

①**量表法**：又称自我评判法，是一种运用根据一定的测量、统计原理编制的态度量表（如李科特量表、瑟斯顿量表、语义区分量表）来测评个体所持态度的方法。

②**问卷法**：又称自我报告法，是一种通过编写一些问句让被试填写来测量被试所持态度的方法。

③**行为观察法**：通过行为观察推断。

2. 间接测量

反应测量是面部表情的测量。

①**生理反应测量**：通过测量被试的生理变化（如脑电波、心跳、呼吸等的变化）来测定其态度。

②**投射测验**：首先给予被试一定的刺激物，让被试据此进行联想并用口头或书面的形式报告出来，然后通过分析被试联想的内容来推测其态度和个性。最著名的投射测验有两种，即主题统觉测验和罗夏墨迹测验。

③**反应时**：内隐联想测验和评估启动范式以反应时为指标，衡量人们在做自我一致或不一致的判断时的心理差异。

本节小结

本节主要介绍了态度的含义、成分、维度、功能以及测量。态度由认知、情感和意向3个因素组成。态度的维度包括指向、强度、深度、向中度以及外显度。态度具有效用功能、知识功能、自我保护功能以及价值表达功能。可以用直接测量和间接测量的方法来对态度进行测量。

第二节　态度的形成与改变

知识点 1 　态度的形成 ★★　　　　　　　　>> TIPS ①

人们的认知经验、情感经验和行为经验是他们态度形成的关键。

1. 学习理论的观点

①霍夫兰认为，态度的学习有联结、强化和模仿3种机制。

②凯尔曼认为，态度的形成与改变和3个不同的社会化过程有关。

a. **服从**：人们由于担心受到惩罚或想要得到预期的回报而采取

俗话说：近朱者赤，近墨者黑。态度的形成是周围环境影响的结果。态度的形成需要相当长一段时间的孕育。

与他人要求一致的行为。

b. **认同**：因为从心理上认可榜样，所以使自己的态度与榜样人物一致。

c. **内化**：个人把态度当作自己内在的行为准则，当态度与个人的价值体系一致时，个人容易形成这样的态度。

2. 情感因素的作用

①以情感为基础的态度来源于价值观和价值取向，或者给予感觉、审美等的反应。

②曝光效应的证据：人们对他人或事物的态度随着接触次数的增加而变得更积极。

3. 认知理论的观点

最有代表性的认知理论是计划行为理论。该理论认为，有意识的行为取决于人们的态度、自身的主观规范，以及所知觉到的控制感。

（1）指向行为的态度

由两方面因素决定：①人们对行为结果的信念；②对这些信念的评价。

（2）主观规范

主观规范是指一个人对来自他人的社会压力的知觉，即该不该做出这样的行为的考虑。它也由两个方面决定：①感受到的其他重要的人的期望；②遵从这些期望的动机。

（3）知觉到的控制感

知觉到的控制感是指人们认为完成行为是困难还是容易的知觉。只有当人们对完成行为有控制感的时候，态度才有可能影响行为。

4. 文化的作用

态度形成过程体现着我们的文化传统。

5. 影响态度形成的因素

（1）需要的满足和情绪性经验

对于能够满足自己的需要或能够帮助自己实现目标的对象，人们倾向于产生积极情绪体验，形成肯定态度；反之，对于阻碍自己实现目标或引起挫折的对象，人们倾向于产生消极情绪体验，形成否定态度。

（2）知识

知识不仅能影响人们态度的形成，还能改变人们已经形成的态度。

（3）家庭

在家庭中，父母会通过各种途径，包括父母的认知态度、行为方式，以及对孩子的教养方式，影响孩子态度的形成。

TIPS 2

例如，有的小学生当老师在教室时，表现得规规矩矩，一旦老师离开教室，他们马上就不一样了。

TIPS 3

例如，一个人形成了自觉遵守交通法规的态度，不管周围有没有人，他都能自觉遵守交通法规。

（4）群体参照

群体参照是指人们在价值取向或行为方式上认同自己所属或所选择的群体，其作用是为人们提供社会同一性和自我评判的判断。

（5）文化

文化作为人们社会化的大背景，深刻地影响着人们态度的形成。

（6）遗传因素与性别

①基因对认知能力和情绪方面的作用显著，遗传决定了多种态度。

②男女对同一问题的态度具有相当大的差距。

知识点 2　态度的改变 ★★★

1. 态度改变的含义

态度改变是指个体已经形成或原先持有的态度发生了变化。

2. 态度改变的相关理论

（1）海德的平衡理论　　　　　　　　　　　　　　》 TIPS ④

①海德认为，在一个简单的认知系统里，存在着使这一系统达到一致性的情绪压力，这种趋向平衡的压力促使不平衡状态向平衡状态过渡。

②海德用 P-O-X 模型说明了这一理论。其中，P 代表认知主体，O 代表与 P 发生联系的另一个人，X 代表一件事物。

③当模型中的 3 个符号相乘为正号时，系统处于平衡状态；当模型中的 3 个符号相乘为负号时，系统处于不平衡状态，如图 3-1 所示。

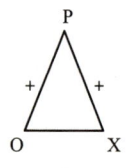 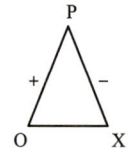 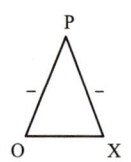 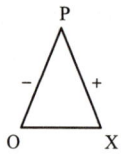

平衡状态

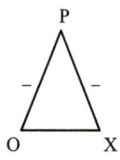 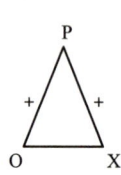 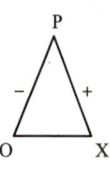 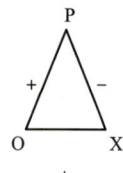

不平衡状态

图 3-1　海德的 P-O-X 模型示意图

④态度改变遵循最小付出原则，即为了恢复平衡状态，哪个方面的态度最少，就改变哪里。

> **TIPS ④**
>
> 例如，P 为学生，O 为 P 所尊敬的师长，X 为爵士乐。如果 P 喜欢爵士乐，又听到 O 赞美爵士乐，则在 P-O-X 模型中三者的关系皆为正号，P 的认知体系就呈现平衡状态；如果 P 喜欢爵士乐，又听到 O 批判爵士乐，则在 P-O-X 模型中三者的关系为二正一负，P 的认知体系就呈现不平衡状态，不平衡状态会导致认知体系发生变化。

（2）费斯廷格的认知失调理论

①认知失调的含义。

认知失调是指由于做了一项与态度不一致的行为而引发的不舒服的感觉。当人们的态度与行为不一致，并且无法对自己的行为找到外部理由时，常常会引起心理的紧张，为了克服这种由认知失调引起的紧张，人们需要采取方法以减少自己的认知失调。

②产生认知失调的条件。

a. 逻辑的违背：例如，水在0 ℃结冰与冰在30 ℃仍不融化这两个观念是失调的。

b. 文化价值的冲突：一种行为在一种文化中被接受，而在另一种文化中被摒弃，这样的例子很多。

c. 观念层次的冲突：对同一事物从不同观念层次进行评价，会得出矛盾的结论，也会引起失调。

d. 新旧经验的矛盾：当新的行为与旧有经验不一致时，对行为的认知也会出现失调。

③认知失调的程度。

a. 与某一认知元素对生活的重要性成正比。

b. 失调认知数目与协调认知数目的比例。

④减少和消除认知失调的途径。

a. 改变行为，使个体对行为的认知符合其态度认知。

b. 改变态度，使个体的态度符合其行为。

c. 引进新的认知因素，消除原有认知因素间的失调关系。

d. 改变认知的重要性：让一致性认知变得重要，不一致认知变得不那么重要。

e. 减少选择感：让自己相信之所以做出与态度相矛盾的行为是因为自己没有选择。

3. 态度改变的方法

①劝说宣传法：借助于杂志、广播、电视等各种传播媒介来传播信息，影响人们，使其态度发生改变。这是一种极为常见和广泛使用的方法。

②角色扮演法：通过角色扮演对承担角色的个体所产生的约束作用和影响来改变个体的态度。

③团体影响法：通过组织人们进入一定的团体，并制定相应的规范、准则来影响和约束人们的一言一行，就能够有效地改变人们的态度。

④活动参与法：通过引导人们参加与态度改变有关的活动来改变人们的态度。

4. 态度改变的影响因素

（1）态度系统的自身特性

①**态度的强度**：态度的强度越大，意味着该态度的支持力量越多，坚持该态度的理由越充分。　　　　　　　　　　>> TIPS ⑤

②**态度的向中度**：态度的向中度越高，其对于个人的意义就越重要，相应的认知与情感支持越多，改变起来也就越困难。 >> TIPS ⑥

③**态度的深度**：自我卷入度越深，态度改变越难。

（2）态度主体特性

①**个体差异**。

a.**年龄与性别**：年长者的态度比年轻者的态度更为稳定，更不易受外界事物的影响。处于青春期晚期和成年早期阶段的个体的易感性最强，其态度也最容易发生变化。男人和女人在态度说服上的差异很小。

b.**智商**：通常认为高智商的人比低智商的人更难以说服。

c.**人格特征**：态度主体的很多人格特征都会影响劝导效果，如自尊、焦虑、控制点、权威主义或教条主义等。

d.**认知需要**：认知需要是个体参与认知活动的愿望。高认知需要的个体更喜欢探究难懂的问题，对情境和主题进行深度加工；而低认知需要的个体则更喜欢尽可能少地付出认知和努力，除非迫于外界的压力。

e.**自我防卫倾向**：较多依赖自我防卫的人不易改变态度。

f.**知识背景**：具有相关知识储备的个体能够更好地对说服信息作出判断，其态度改变也更困难。

②**好心情**：好心情的个人更易于接受他人的劝导。

③**承诺**：个体对自己关于某事所持的看法已经承担了相应的义务。已经承担了相应义务的态度比没有承担相应义务的态度更难受外部劝导的影响而改变。

④**态度主体与群体的关系**。

a.个体**对群体成员身份的重视程度**影响态度改变。越重视群体成员身份的人，越不易接受反对群体的观点。

b.个人**在群体中的地位**影响态度改变。个体在群体中的地位越高，其态度越不易改变。

c.个人**对群体的看法或评价**影响态度改变。个体越信赖群体，其态度越不易改变。

（3）劝导说服力

①**劝导传达者的特点**：劝导传达者的可信性、生理吸引力、与听众或观众的相似性都会影响说服效果。劝导传达者的可信性

TIPS ⑤

中华民族追求统一大业的愿望和强烈态度，不仅通过政府的意志被反复强调和重申，而且是诸多国际关系的首要前提。

TIPS ⑥

例如，我们的日常生活方式容易受到外来文化的影响，但是社会制度、价值观等却很难被改变。

越高，生理吸引力越大，与听众或观众的相似性越高，说服效果就越好。

②说服信息的特点。

a.信息的差异：起初态度的改变量随着信息差异的增大而增大，到了适中的水平后，随着信息差异的增大态度的改变量开始减小。

b.信息唤起的恐惧情绪：罗杰斯认为，信息唤起的情绪能否产生态度改变，取决于以下4个因素及其相互作用，即事件的严重性、事件的可能性、做出改变的有效性、自我效能感。

③信息的呈现方式：主要包括说服信息呈现的顺序、说服所运用的媒介、所提供的单面论据与双面论据以及信息结论的给定方式。

④信息的重复：信息的重复呈现以适中为宜。

⑤论点的有效性：说服效果依赖人们对说服信息的卷入度。

（4）劝导情境

①分心：降低了强有力信息的说服力，而提高了无力信息的说服力。

②情境的强化作用：将说服信息与一些积极的强化刺激联系起来，说服信息的作用会得到提高。

> **本节小结**
>
> 本节主要介绍了态度的形成和改变，态度的改变包括含义、相关理论、改变方法和影响因素。考生要重点理解并掌握海德的平衡理论和费斯廷格的认知失调理论，在考试中这部分内容常以简答题或论述题等形式进行考查。

第三节 说　　服

知识点 1　说服概述 ★

1. 说服的含义

说服是指任何试图形成、加强和改变他人的态度或反应的行为。它是改变他人态度最有效的方法。

2. 说服的组成部分

①传达者——发言者是谁？

②信息内容——说什么？

③沟通渠道——怎么说？

④听众——对谁说？

知识点 2　说服模型 ★★★

1. 霍夫兰德的说服模型

霍夫兰德认为，只有当他人注意到说服信息，理解信息内容，并且接受这些信息的时候,说服才会发生,而注意、理解、接受这3个阶段中的任何一个出问题,说服都不能引起态度改变。

2. 说服的中心和外周路径模型(精加工似然模型) >> TIPS ①

佩蒂、卡斯泊认为,根据信息接受者对信息进行加工的动机和能力的不同,存在着两种不同的说服路径。

(1) 中心路径

当人们有动机、有能力对一个问题进行深入思考时,会更多地使用说服的中心路径,也就是关注论据。如果论据有力且令人信服,那么人们就很可能被说服;如果信息包含无力的论据,那么思维缜密的人会很快驳倒它。

(2) 外周路径

当人们没有足够的动机和能力去仔细思考信息的内容时,采用的是外周路径的说服,即关注那些使人不经较多考虑就接受的外部线索,而不考虑论据本身是否令人信服。

3. 希尔斯的说服模型

希尔斯等人提出了一个包括4个因素的说服模型。如图3-2所示,这4个因素分别为外部刺激、说服对象、说服过程和说服结果。该模型涵盖了所有与说服效果有关的因素,用一句话概括就是:谁对谁说了什么以及效果如何。

①外部刺激:由说服者、信息和情境组成。其中,说服者的影响力取决于他的专业程度、可靠性和受欢迎程度。

②说服对象:其特点包括其投入或承诺、是否对说服有免疫力、人格特征。

③说服过程:被说服者首先要学习信息内容,在学习的基础上发生情感转移,把对一个事物的情感转移到与该事物有关的其他事物之上。当接收到的信息与原有态度不一致时,被说服者便会产生心理上的紧张,一致性机制便开始起作用。

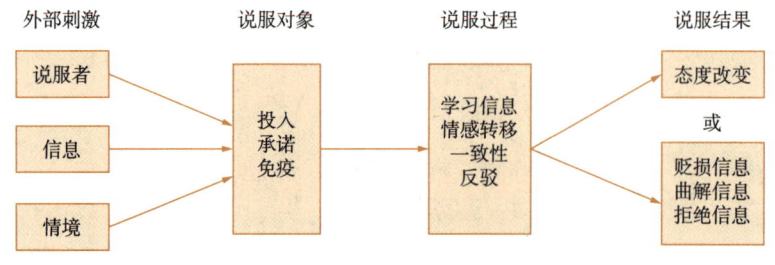

图 3-2 希尔斯的说服模型

④说服结果:一是态度改变;二是对抗说服,包括贬损信息来源、故意曲解说服信息、对信息加以拒绝等。

TIPS ①

比较一下计算机广告和饮料广告。一般而言,计算机广告主要描述计算机的性能、价格等,很少请明星代言,这是中心路径的运用。因为计算机制造商认为,潜在的计算机用户更喜欢中心路径这种方式——用户需要对信息进行核证和思考。而各种饮料广告大多请明星代言,这是外周路径的运用。

知识点 3　影响说服效果的因素 ★★★

1. 说服者

①**专家资格**：在某些方面具有专长的人说服他人的效果比较好。

>> TIPS ②

②**可靠性**：说服者是否值得他人信任，即他的可信度如何也对说服效果产生影响。如果人们认为说服者能从自己提出的观点中获益，则会对说服者的可信度产生怀疑，此时即使他的观点很客观，人们也不太会相信。

睡眠效应：是指可信度低的说服者的影响力随时间推移而提高的现象。

③**受欢迎程度**：说服者是否受欢迎由 3 个因素决定，即说服者的**外表**、是否**可爱**、与被说服者的**相似性**。

2. 信息

>> TIPS ③

①**信息所倡导的态度与被说服者原有态度之间的差距**：在某一范围内，态度的改变随着差异的增大而增大；如果超过该范围的上限，差异继续增大，态度的改变开始减小。说服者的可信度越高，他能产生最大态度改变的差异水平也就越高。

②**信息唤起的恐惧感**：这种说服性信息通过激发人们的恐惧感来改变人们的态度，被称为引发恐惧的沟通。

③**信息的呈现方式**：包括说服使用的媒介、单面说服、双面说服。

a. 说服使用的媒介：大众传播加上面对面交谈的效果要好于单独的大众传播。当说服信息非常复杂的时候，不生动的媒介（书面媒介）效果好；而当说服信息非常简单的时候，视觉媒介最好，听觉媒介次之，书面媒介最差。

b. 单面说服：只提供正面信息或反面信息的说服策略。

c. 双面说服：既提供正面信息也提供反面信息的说服策略。

当被说服者已经处于争论之中时，双面说服的效果要比单面说服好；而当人们最初同意该信息时，单面说服的效果好。也就是说，当他人同意一件事时，只提供正面信息即可；而当他人反对一件事时，最好的策略是既提供正面信息，也提供反面信息。

④**信息的呈现顺序和关联性**：信息的呈现顺序会影响单面说服、双面说服的效果；只有先后呈现的顺序存在关联，才会影响最终的说服效果和态度改变过程。

3. 被说服者

①**人格特性**：包括个体的可说服性、智力和自尊。

②**心情**：心情好的人更易于接受他人的说服性观点。

例如，在电视、社交媒体上，经常请有关专家宣布某项信息或发表某些建议，这样做就是为了增加信息的可信度。

例如，公益广告常常采取引发恐惧感的方式来说服人们系安全带、远离毒品等。

③**卷入程度**：卷入程度越深，态度改变越难。

④**动机**：在低动机水平下，被试将直接使用先行论据（第一个论据）来形成自己的态度判断；在高动机水平下，先行论据会影响之后的论据加工过程，从而影响最后的态度形成。

⑤**免疫**：过多的预先说服会使被说服者产生"免疫力"，使态度改变变得困难。

⑥**个体差异**：包括认知需求、自我监控程度、年龄等。

⑦**自我在说服中的角色**：由自我产生的说服使得人们的参与感增强，更易使人们改变态度。

4. 情境

①**预先警告**：如果预先告诉或暗示被说服者，他将收到与他的立场相矛盾的信息，则他的态度将难以改变。当个体对问题了解得很多时，预先警告会引起抗拒；当个体对问题了解得很少时，预先警告反而有助于态度改变。

②**分散注意力**：能减少抗拒，因而对改变态度有利。

> **本节小结**
>
> 本节介绍了说服的含义、说服模型、影响说服效果的因素。对于说服模型，主要介绍了霍夫兰德的说服模型、说服的中心和外周路径模型、希尔斯的说服模型。对于影响说服效果的因素，可从说服者、信息、被说服者、情境这几个方面去考虑。

名词总结

态度	态度的成分	投射测验	内隐联想测验
态度形成	态度的改变	平衡理论	认知失调理论
说服模型	精加工似然模型	单面说服	双面说服
预先警告	分散注意		

第四章　人际关系

知识导读

本章主要从社会关系的角度对知识点进行梳理，包括人际关系与人际沟通、人际吸引与亲密关系以及中国人的人际关系。人际关系与人际沟通是形成社会关系的基础。人与人之间有了一定的沟通与了解之后，就会产生人际吸引，进而发展成亲密关系，而爱情则是其中较为重要的一种。

在考试中，本章的知识点多以选择题、简答题的形式出现，考生可以结合生活实践对相关知识点进行理解记忆。

知识地图

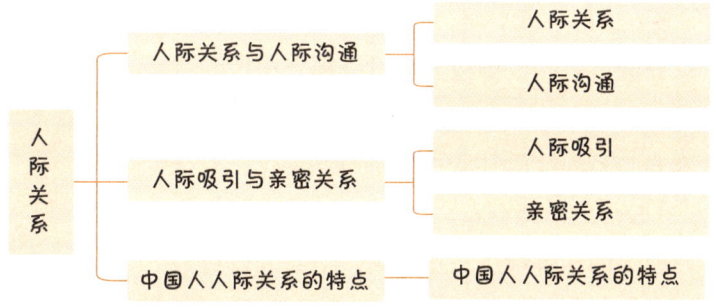

知识精讲

第一节　人际关系与人际沟通

知识点 1　人际关系 ★★

1. 人际关系的含义

人际关系是人们**在人际交往过程中结成的心理关系**，它表现在人们对他人的影响和依赖上。双方可以实实在在地感受到人际关系的存在，其具有浓厚的情感色彩。

2. 人际关系的发展过程

（1）状态

①最初，双方关系处于零接触状态。

②直接接触是双方情感关系发展的起始点，标志着一种新的人际关系的诞生。

③共同心理领域是相互认同、接受、信任及形成人际关系的基础。

④发现的共同心理领域越多，情感融合的程度也越高。按照情感融合的相对水平，可将人际关系分为轻度卷入、中度卷入和深度卷入3种。

（2）自我表露的范围和深度　　　　　　　　» TIPS ①

奥尔特曼和泰勒用社会渗透理论的思想来解释人与人相互关系的水平。他们认为，良好的人际关系是随着自我表露逐渐增加而发展的。自我表露的深度是人际交往深度的重要标志。

（3）发展阶段　　　　　　　　　　　　　» TIPS ②

奥尔特曼和泰勒认为，良好的人际关系的形成和发展一般需要经过交往定向、情感探索、感情交流和稳定交往4个阶段。

①交往定向阶段：涉及交往对象的选择，包含着对交往对象的注意、抉择和初步沟通等多方面的心理活动。

②情感探索阶段：双方探索彼此在哪些方面可以建立信任和真实的情感联系。

③感情交流阶段：双方关系的性质开始出现实质性变化，安全感和信任感已得到确立，有较深的情感卷入。

④稳定交往阶段：心理上的相容性进一步提高，自我表露更为广泛和深刻，可允许对方进入自己高度私密的个人领域。

3. 人际关系的破裂过程

通常来说，一种情感关系从融洽走向终结需要经历分歧、收敛、冷漠、逃避、终止5个阶段。

①分歧：共同情感消失的开端，人际关系双方的不同点增多，心理距离增加，对彼此的接纳性下降。

②收敛：关系出现裂痕，沟通减少。

③冷漠：双方放弃增进沟通的努力，关系变得冷淡。

④逃避：双方互相回避，特别是避免只有两个人的无所适从的窘境。

⑤终止：关系的终止可能是立即完成的，也可能拖延很久。一次直接、激烈的冲突是关系终止的明显标志。

但是必须注意，对于任何人，无论关系多么亲密，我们都有不愿意暴露的方面。

在实际生活中，很少有人能达到稳定交往阶段。许多人同别人的关系并没有在第三个阶段的基础上进一步发展，而是仅在第三个阶段的同一水平上简单重复。

4. 改善人际关系的训练

（1）敏感性训练

敏感性训练是一种团体训练技术，最普遍的方式是训练团体或称T组。训练团体通常由5~15人组成，其中包括一名心理学家。训练期限可以是1~4周，活动方式主要是语言交流。培训小组主要以非指导性的方式为参与者提供真实体验"此时此地"的情境。

（2）角色扮演

角色扮演的方法是：通过充当或扮演某种角色，去体验、了解和领会别人的内心世界，理解自己反应的适当性，由此来提高扮演者的自我意识水平、移情能力，并改变其过去的行为方式，使之更适合于自己的社会角色，从而获得新的社交技能。

在人际关系方面，角色扮演可以直接帮助人们改善双方相互作用的状况，最终有效地改善彼此之间的关系。

5. 人际关系的原则 >> TIPS ③

（1）真诚原则

真诚是一种非常受人欢迎的个性品质。它使人们对于他人如何对待自己有明确的预见性，因而更容易使人们产生安全感和信任感。

（2）交互原则

人际关系的基础是人与人之间的相互重视和相互支持。在人际交往中，喜欢与厌恶、接近与疏远是相互的。

（3）功利原则

人际交往的本质是社会交换，包括增值交换与减值交换。

（4）自我价值保护原则

保护自我价值不受威胁和提高自我价值，是个人先定的优势心理倾向。

（5）情境控制原则

人们都需要实现对所处情境的自我控制。只有在处于平等、自由的人际情境中，人们才能够真正实现自我控制，获得充足的安全感。

6. 人际关系的测量

（1）社会测量法

社会测量法也称社交测量、社会测量，是由莫雷诺创造的。它是从群体的角度，定量地揭示整个群体的人际关系状况以及各成员在群体内人际关系状况的一种方法。通过这种方法能很快地发现群体内部的人际关系状况，但它不能揭示选择动机，受被试因素影响较大。

（2）参照测量法

彼得罗夫斯基在社会测量法的基础上，创立了参照测量法。这

TIPS ③

总结：在人际关系中，真诚是必杀技，交互是基础，功利是本质，保护自我价值和控制情境才安全。

是一种测量群体中最能发挥作用和最有影响力的人物的方法，主要强调选择动机的测量价值。

（3）人际关系测验

①人际交往类型测验：分为人际关系建立能力测验和维持能力测验两种。

②他-我融合度量表：用于测量被试和另外一个人的情感融合度或心理距离。

（4）贝尔斯测量法

贝尔斯根据社会行为分类理论，对群体内的人际关系进行了特征分析。他把人际相互作用的类型划分得小到可以作为实验观察的单位，认为只要考察人们相互作用的全过程，就能测量出群体内人际关系的性质。

（5）社会距离测量

社会距离测量能反映出不同社会关系距离的陈述意见。它让被试根据自己的实际看法和第一反应，从7种关系中选出自己愿意与某个群体的一般成员产生的一种或一种以上的关系。

7. 人际关系理论

（1）人际需要的三维理论

舒兹提出了人际需要的三维理论。他认为，人际关系的模式可以通过3种人际需要来加以解释，即包容的需要、控制的需要、情感的需要。

①**包容的需要**：个体想与别人建立并维持一种满意的相互关系的需要。

②**控制的需要**：个体在权力问题上与他人建立并维持满意关系的需要。

③**情感的需要**：个体在与他人的关系中建立并维持亲密的情感联系的需要。

（2）社会交换理论

根据霍曼斯的社会交换理论，人与人之间的交往实际上是一种社会交换。人们总是希望以最小的代价换取最大的回报。该理论还指出人们使用以下原则来决定人际关系是否公平。

①**均等原则**：每个人都有得到同等利益的机会，而不是只有某些人才拥有这样的机会。

②**各取所需原则**：将每个人的需求纳入考虑的范围，根据每个人的需求决定给他什么样的好处。

③**平等原则**：每个人获得的利益都与其贡献成正比，付出多的人获得的好处也应该多，付出少的人获得的好处也应该少。

> **TIPS ④**
>
> 人际需要的实质就是个体要求在自己与他人之间建立一种满意的关系。每个人都有这3种最基本的人际需要，而且每一种人际需要都可以转化为动机，产生一定的行为倾向，建立一定的人际关系。

（3）公平理论

公平理论认为，人们并非简单地以最小的代价换取最大的回报，他们还要考虑关系中的公平性，即关系双方做出的贡献和得到的回报应基本相同，公平的关系才是最稳定、最快乐的关系。

8. 人际关系的基础

（1）亲和需要

阿特金森认为，影响人们社会交往的动机有两种：一种是亲和需要，是人们寻找和保持许多积极人际关系的愿望，即人们需要与他人为伴的倾向；另一种是亲密需要，是人们寻找温暖、亲密关系的愿望。

①恐惧与亲和需要：在社会比较理论中，强调人们通过社会比较获得有关自己和周围世界的知识。在不确定的环境信息下，人们通过亲和他人，获得与他人比较的信息，进而减轻自己的恐惧感。

②焦虑与亲和需要：非现实的、无法确定的原因会使人产生焦虑反应。

恐惧会增加亲和需要，焦虑却会减少亲和需要。

（2）人际关系的报酬

社会交换理论指出，人们通过社会交换获得心理与物质酬赏，人们能从一段人际关系中获得好处是人际关系形成的重要原因。魏斯提出了人际关系的6种重要报酬。

①依恋：一种安全感和舒适感。

②社会融合：形成与他人相同的观点和态度，产生团体归属感。

③价值确定：得到他人支持时所产生的对自己有能力、有价值的感觉。

④可靠的同盟感：通过与他人建立良好的关系，我们会形成当我们有需要时会有人帮助我们的认知。

⑤得到指导：从他人处得到有价值的指导。

⑥照顾他人的机会：照顾他人给我们一种被需要和自己很重要的感觉。

（3）摆脱寂寞

寂寞是指人们的社会关系欠缺某种重要特征时所体验到的主观不适。寂寞与孤独不同，寂寞可分为情绪性寂寞和社会性寂寞，前者是指缺少亲密的依恋对象所引起的寂寞，后者是在缺乏社会融合感或缺少由朋友或同事等所提供的群体归属感时产生的。与他人建立人际关系可以帮助我们摆脱寂寞。

知识点 2　人际沟通★★

1. 沟通的定义

沟通一般指人与人之间的信息交流过程，是人与人之间发生相互联系的主要途径。

2. 沟通的意义

①沟通为个体身心发展提供必需的信息资源。

②沟通是自我概念形成的途径。

③人们凭借沟通交换信息并建立与维持相互关系。

3. 沟通的功能

沟通具有协调整合、心理保健、心理发展和社会心理建构的功能。

4. 沟通的过程

（1）沟通结构的要素　　　　　　　　　　　　　　>> TIPS ⑤

巴克尔描述了沟通过程的7个要素，包括信息源、信息、通道、信息接受者、反馈、障碍和背景等。

①**信息源**：沟通过程的始端，也可以称为信息发出者。

②**信息**：沟通传递的内容。

③**通道**：信息发出者到接收者之间形成的沟通回路需要经过一定的形式，才能实现信息的有效传递，这里信息传达的方式就是通道。

④**信息接受者**：接受信息的人，是沟通过程的终端。

⑤**反馈**：在沟通过程中信息接受者不断地将沟通的结果发送给信息发出者，使其进一步调整沟通动作，从而形成一个沟通的回路，这个过程就是反馈。

⑥**障碍**：会给沟通过程增加困难或使双方没能很好地完成沟通的因素。

⑦**背景**：沟通总是在一定背景下发生的，任何形式的沟通都要受到各种环境因素的影响。

（2）沟通的背景

沟通的背景包括**物理背景**、**心理背景**、**社会背景**、**文化背景**。

5. 沟通的类型

（1）语词沟通和非语词沟通

①**语词沟通**：通过语词符号实现的沟通，是**最普遍、最准确、最有效**的沟通方式。

②**非语词沟通**：借助于非语词符号实现的沟通。

a.符号层面的非语词沟通——身体语言：非语词性的身体信号，

TIPS ⑤

记忆方法：信息源发出信息，信息接收者通过通道接收信息，再将沟通结果反馈给信息发出者。整个过程在一定的背景下进行，其中可能存在障碍。

包括目光与面部表情、身体运动与触摸、身体姿势与外表、身上的装饰等。其具有广泛性、连续性、不受环境的限制、跨文化沟通性、简约性。

b. 动态交互中的非语词沟通——个人空间位置和人际距离：亲密距离为 0~0.45 m，个人距离为 0.45~1.20m，社交距离为 1.20~3.60m，公共距离为 3.60~7.50m。

（2）口语沟通与书面沟通

①口语沟通：借助于口头语言实现的沟通。口语沟通一般都是指面对面的口语沟通。

②书面沟通：借助于书面文字材料实现的沟通。

（3）有意沟通与无意沟通　　　　　　　　　　　>> TIPS ⑥

①有意沟通：有特定的目的并经过专门准备的沟通。

②无意沟通：虽然沟通双方正在进行信息的交流，但他们可能并没有意识到沟通已经发生，这种无意识状态下发生的沟通叫作无意沟通。

（4）正式沟通和非正式沟通

①正式沟通：在正式社交情境中发生的沟通。

②非正式沟通：在非正式社交情境中发生的沟通。

（5）个人内沟通与人际沟通

①个人内沟通：在个人内部产生的一个自我沟通的过程。

②人际沟通：两个人之间的信息交流过程。

（6）群体沟通与大众沟通

①群体沟通：包括小群体沟通、公众沟通和组织沟通。

a. 小群体沟通：发生在具有某种特殊职能的小群体（3~13人，如班组、家庭、最高决策集团等）内的沟通。其又包括链式、轮式、Y式、环式和全通道式等网络结构。

b. 公众沟通：一个演讲者与许多听众的沟通。

c. 组织沟通：在社会组织内发生的沟通，如发生在公司、学校、政府机构及自发组织内的沟通。

②大众沟通：也称大众传播，即通过广播、电视、报纸、杂志、互联网等大众媒介实现的信息交流。

（7）新兴沟通类型

新兴沟通类型包括以互联网为媒介的沟通、其他类型的沟通（如超感能力沟通）等。　　　　　　　　　　　　　　　>> TIPS ⑦

6. 人际沟通的影响因素

①社会文化因素：如受教育程度、种族差异等。

例如，日常的谈话、打电话、讲课等都属于有意沟通；走在大街上，无论来往的行人是多还是少，我们都很少与别人相撞，这就是无意沟通。

例如，在美剧《超感猎杀》（Sense 8）中，8个主角能够互用各自的技能，并且共享情绪情感。

②社会团体因素：如团体中成员的地位、团体的组织结构等。

③人格因素：如对于一个极端地以自我为中心的人，优越感很强，较少主动与人交流思想。

7. 沟通的障碍及改善方法

（1）沟通的障碍

①**物理环境障碍**：人们所处的沟通环境中存在的障碍，如环境中存在噪声、网速慢等。

②**个人障碍**：情绪、选择性知觉、信息过滤等个人因素中障碍。

③**语义障碍**：由所使用符号的局限性造成。在不同的文化背景下，所使用的系统语言符号可能不同，对非语词符号的理解也不一致。

（2）沟通的改善方法

①**评价自己的沟通情况**：分为3步，第一步是开列一个自己的沟通情境和沟通对象的清单，第二步是通过问卷量表评价自己的沟通情况，第三步是评价自己的沟通方式。

②**制订沟通改善计划**：首先明确改进自己的哪些方面；然后将选定的改善目标与实际生活联系到一起，并将其转化成可以在日常生活中实施的一个个具体做法。

③**提高沟通的准确性**：要提高自己准确描述事物的能力；对所用的一切非语词沟通方式都必须有明确的概念；对于别人的包括直接的语词反馈在内的各种反馈信息要保持敏感性，及时调整自己的信息和符号选择。

④**"同理心"定向**：站在对方的角度，客观地理解对方的真实看法和内心感受，并基于这种理解来进行沟通。

⑤**运用社会心理效应**：例如，运用首因效应，建立良好的第一印象，使后续的沟通有良性的方向。

⑥**理解别人的身体语言**：必须从整体的身体语言背景来确定每一个具体身体语言信号的意义；用移情的方法理解身体语言信息。

⑦**恰当运用自我身体语言**：增加自己对身体语言的自觉性。

> **本节小结**
>
> 本节介绍了人际关系和人际沟通。人际关系的内容主要包括含义、发展过程、破裂过程、改善训练、原则、测量等，贯穿了人际关系的全过程。人际沟通的内容主要包括定义、意义、功能、过程、类型、影响因素、障碍及改善方法等。本节内容与现实生活联系密切，不必死记硬背，可通过理论联系实际的方法进行记忆。

第二节 人际吸引与亲密关系

知识点 1　人际吸引 ★★

1. 人际吸引的含义

人际吸引是人与人之间的相互接纳和喜欢。按照吸引的程度，人际吸引可分为亲和、喜欢和爱情（最强烈）。

2. 人际吸引的基本原则

（1）强化原则

我们喜欢能给予我们酬赏的人，讨厌给我们惩罚的人。许多研究显示，我们喜欢给我们正性评价的人，讨厌给我们负性评价的人。

（2）社会交换原则　　

我们是否喜欢某个人取决于我们和这个人交往时对成本及收益的评价。如果在与某人的交往中，我们获得的收益大于成本，我们就会和他继续交往下去，并且对这种交往的评价较高；如果在交往中我们付出多，收益少，则这种交往有可能中断。

（3）联结原则

我们喜欢那些与美好的体验联结在一起的人，厌恶那些与不愉快的经历联结在一起的人。

3. 影响人际吸引的因素

（1）个人特质　　

一个人的某些特质会决定他是否会受人喜爱。安德森通过研究发现，真诚是最重要的特质。总的来说，影响人际吸引的个人特质有三个：

①个人的温暖。温暖是影响我们形成对他人第一印象的主要特质。当人们对其他人持积极态度时便会表现出温暖，同时温暖的人比较受欢迎。

②能力。人们往往喜欢有能力的人。但当表现优异者犯了一点小错误或略有失态时，比他毫无失误时更受欢迎（犯错误效应）。

③外表。外表漂亮的人更容易引起周围人的注意，人际吸引力更强，更受欢迎。

④文化。外表吸引力存在文化差异。外表吸引力通常意味着健康和生殖能力，只有文化情境使个体有机会选择、建构社会关系时，外表吸引力对生活的作用才得以彰显。

（2）相似性

人们倾向于喜欢在态度、价值观、兴趣、背景及人格特质等方面与自己相似的人。对人际吸引有重要影响的相似性来自以下几个

TIPS ①

社会交换理论认为会有一些例外的情况。例如，在某些情境下，人们并不愿意做那些在关系中收益最大的人。一些学者认为，关系满意度的决定性因素是关系中的公平程度。

TIPS ②

对于外表吸引力大的人，人们倾向于对他们的其他方面作出更为积极的评价，这叫作外貌辐射效应。但是，一旦人们觉得有魅力的人在滥用自己的魅力，就会倾向于对他们实施更为严厉的惩罚。

方面：

①人口特征的相似性。包括性别、种族、宗教信仰等。

②态度的相似性。包括观点、人格、兴趣等。

③外表相似性。人们往往倾向于选择与自己在长相上相似的异性做伴侣。Berscheid把这种倾向称为"匹配假设"。

（3）互补性

人们有时候喜欢与自己在某些方面相反的人。

在异性关系中，男性喜欢年轻的女性，而女性却喜欢成熟一点的男性，即相貌换地位。互补性有时候也表现在交往双方的性格上。

（4）熟悉性

熟悉性可以导致喜欢，最常见的现象即曝光效应，即某个人只要经常出现在你眼前，就能增加你对他的喜欢程度。

曝光效应也有限制：一开始对他人的态度是喜欢或至少是中性时，接触越多才越喜欢。如果一开始就讨厌对方，那么接触越多反而越讨厌。

（5）接近性

物理距离相近也是影响人际吸引的因素之一。

①接近性能增加熟悉性，越熟悉，喜欢的可能性就越大。

②接近性也与相似性有关，人们往往选择在某方面与自己相似的人为邻居。

③从社会交换的角度来看，物理距离上的接近性更易获得来自他人的好处，以便以最小的代价换取较多的好处。

知识点 2　亲密关系 ★★

1. 亲密关系概述　　　　　　　　　　　　　　　　≫ TIPS ③

（1）亲密关系的含义

在共同关系中，当两个人的相互依赖程度很高时，我们就把这种关系称为亲密关系。亲密关系主要包括亲情、友情、爱情。亲密关系有以下3个特点。

①两个人有长时间的频繁互动。

②在这种关系中有着许多不同种类的活动或事件，两个人共同参与很多活动。

③两个人的相互影响力很大。

（2）亲密关系的维持

为了使亲密关系让双方满意，需要从平等、归因、沟通、嫉妒4个方面入手。

①平等：按照公平理论，在任何形式的人际关系中，人们的付

人类最初的亲密关系表现为父母与孩子之间的依恋，有关依恋的知识主要在发展心理学中进行考查，可在发展心理学中进行学习。

出应该与其收益成正比。比如在爱情与婚姻等亲密关系中，人们追求一种大致的平等，即付出多少和得到多少大体相当。

②归因：幸福的夫妻经常做强化对方式归因，即把对方良好的行为归结为对方的内在原因，而把对方不好的行为归结到情境中去。

③沟通：幸福的夫妻常常通过与对方的争论来理解对方的观点，心理学家把这种心理状态称为摆观点，对维持健康的关系极为重要。

④嫉妒：嫉妒指当与个体自我概念有关的重要关系受到真实的或想象的威胁时，个体产生的一种消极的情绪反应。在亲密关系中，嫉妒一方面是浪漫爱情的标志，它实际上反映了个体对这种关系的依赖性；另一方面嫉妒也常常引发消极的情绪和行为。

（3）亲密关系的终结

当亲密关系失去价值的时候，人们往往采取4种不同的对待方式。

①等待：等待表现为被动弥补出现的裂痕，采用这种策略的人由于害怕对方的拒绝行为，所以很少说话，往往是耐心等待、祈求，希望自己的真诚能使对方回心转意。

②忽视：是男性经常采用的一种消极策略，表现为故意忽略对方，与对方在一起的时候经常在一些与所探讨的问题无关的话题上挑剔对方的缺点。

③退出：当人们认为没有必要挽回这种关系的时候采取的主动的、破坏性的策略。

④表达：双方讨论所遇到的问题、寻求妥协并尽力维持亲密关系，是一种主动的、建设性的方式。

（4）亲密关系的阶段

勒温格提出，亲密关系包括5个阶段：初次吸引、建立友谊、延续强化、凋萎与衰落、结束。

2. 友谊

①朋友关系是亲密关系中不可缺少的一部分。P.Wright 把朋友关系分为两个层次：表面朋友和深层朋友。表面朋友的形成和保持完全是因为这种关系的酬赏作用，深层朋友形成和保持的原因除了酬赏还包括相互关心。

②表面朋友的交往模式是随着时间的推移双方接触越来越少；深层朋友的交往模式是一开始双方见面很多，后来接触慢慢地减少。要想交深层朋友，感情投入是最根本的，而不仅仅是一般性的接触。

③男性与女性在交朋友上的差异：

a. 方式不同：男性交友一般是一群人一起玩，女性交友一般是一对一对地玩。Wrigh把男性交友的方式称为面对面方式，把女性交友的方式称为肩并肩方式。

罗密欧与朱丽叶效应：当出现干扰恋爱双方爱情关系的外在力量时，恋爱双方的情感反而会加深，恋爱关系也因此更加牢固。

b. **作用不同**：女性的友谊关系由于有更多情感的参与，比男性更亲密。

c. **身体接触程度不同**：情侣的身体接触多，男性朋友之间身体接触的概率小于女性朋友和异性朋友之间。

3. 爱情　　　　　　　　　　　　　　　　>> TIPS ④

（1）斯滕伯格的爱情三元理论

斯滕伯格认为，爱情由激情、亲密和承诺三大要素构成，如图4-1所示。

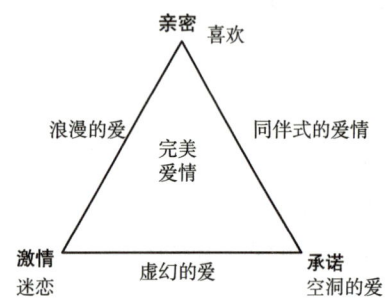

图4-1　爱情三元理论

①**激情（动机成分）**：情绪上的着迷，指反映浪漫、性吸引力的动机成分，与生理唤起有关。

②**亲密（情感成分）**：心理上互相喜欢的感觉，包括爱慕和希望照顾爱人，通过自我揭露，沟通内心感受和提供情绪上、物质上的支持来达成。

③**承诺（认知成分）**：内心或口头的预期，包含承诺成分的行动有订立誓约、共渡难关、订婚、结婚等。

（2）爱情的分类

①**浪漫式爱情**：亲密和激情结合在一起形成的爱是浪漫的爱，这种爱情没有承诺，会因为幻想和新奇的逐渐消失而难以持久，往往是美好但短暂的。　　　　　　　　　　　　　　>> TIPS ⑤

②**迷恋式爱情**：如果激情程度高，亲密和承诺程度低，就是迷恋。对对方有着强烈的爱慕之情，但双方并不熟识，甚至没说过话，这种激情之爱就属于迷恋。　　　　　　　　　　　>> TIPS ⑥

③**友伴式爱情**：经由友谊、共同爱好及逐步自我展露而慢慢成长起来的令人愉快的亲密关系。　　　　　　　　　　>> TIPS ⑦

④**实用式爱情**：彼此都感到合适，并能满足对方的基本需求而非寻求刺激。

⑤**利他式爱情**：强调爱情中无条件的关怀、付出及对对方的谅解。

⑥**游戏式爱情**：玩弄感情，就像玩游戏一样。

不求天长地久，只求曾经拥有。

例如，双方由于激情而闪婚，但彼此并不十分了解，这种爱情往往维持不了多久。

例如，一对结婚50年的夫妻已经没有了年轻时的激情，但他们的婚姻长久而幸福。

> **本节小结**
> 本节主要介绍了人际吸引与亲密关系的相关知识，重点介绍了爱情，斯滕伯格的爱情三元理论以及爱情的分类是重要考点，这部分知识多次以选择题的形式出现在考试中，考生需重点掌握。

第三节 中国人人际关系的特点

知识点 1 中国人人际关系的特点

许多研究者认为，中国人的人际关系是一种社会取向，而西方人的人际关系模式则以个人取向为主。

1. 差序格局

（1）社会学家费孝通通过对20世纪初期中国农村的分析，提出了差序格局这一概念。

（2）他把中国人的交往模式看作自我中心主义的模式：人们以自己为中心，把与自己交往的他人按照亲疏远近分为几个同心圆，与自己很亲近的人被置于离自己最近的圆圈内，而与自己关系疏远的人则被置于离自己很远的圆圈内。

（3）所谓差序格局是指中国人对处于不同圈子里的人采用不同的交往法则：一个人离我越近，我就对他越好。

2. 讲人情

（1）中国人人际关系的一个重要特点就是人情的独特作用。

（2）杨中芳把人情定义为：在文化的指引下，认为存在于两个人之间应该给予对方的情感，这种情感带有义务性，并具有因人因地而异的特点。

（3）中国人的人情具有很高的规范性，在和他人交往的时候，人们必须遵守人情的规范，这些规范又称为人情法则。人情法则包括以下几条。

①在一般社交场合要给别人人情。
②对方给予的人情要接受。
③对方要求的人情不可不给。
④对方给的人情不可不回报。

中国人讲人情往往表现在行为上：给对方一些好处。

3. 强调人际信任

（1）中国人的人际关系很看重信任的作用，一个失信之人很难在这种关系中立足。

（2）信任在这里是指确保对方会实现自己对其的期望，也就是说对方知道自己的义务，并尽量满足他人的需要。

> **本节小结**
> 　　本节主要介绍了中国人人际关系的特点。中国人的交往模式是自我中心主义的模式，中国人人际关系的重要特点是人情的独特作用，中国人的人际关系看重信任的作用。

名词总结

人际关系	人际吸引	社会交换	敏感性训练
角色扮演	沟通	语词沟通	非语词沟通
口语沟通	书面沟通	有意沟通	无意沟通
正式沟通	非正式沟通	群体沟通	大众沟通
人际吸引	联结原则	亲密关系	爱情三元理论
激情	亲密	承诺	浪漫式爱情
友伴式爱情	自我中心	人际信任	

第五章 社会行为

知识导读

社会行为是群体中不同成员分工合作，共同维持群体生活的行为。本章首先介绍偏见、歧视与刻板印象；然后介绍利他行为和侵犯行为；最后介绍合作、竞争与冲突。

在考试中，本章的知识点多以选择题、简答题的形式出现，利他行为、侵犯行为还可能以论述题、综合题的形式出现，因此考生对于本章内容要高度重视。

知识地图

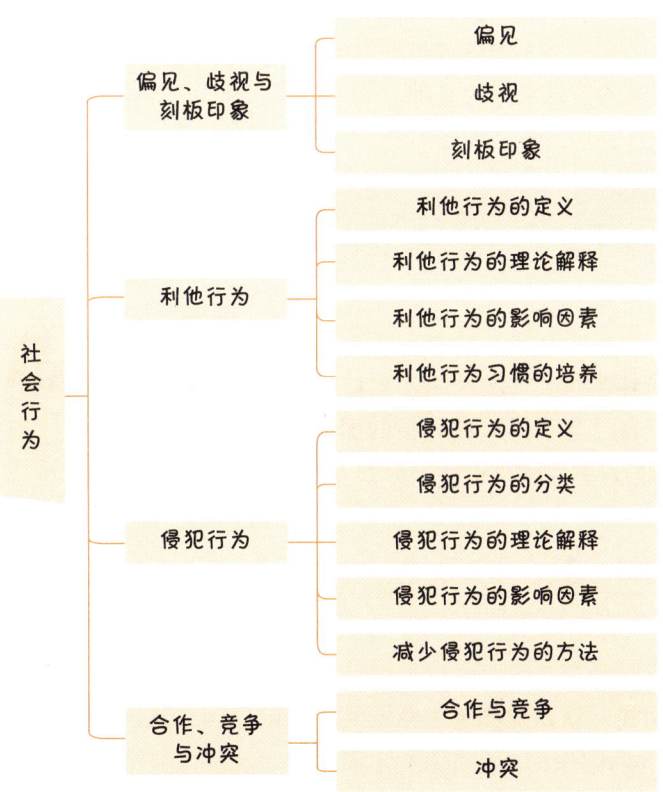

第一节　偏见、歧视与刻板印象

知识点 1　偏见 ★★★

1. 偏见的含义

（1）偏见指人们不以客观事实为根据，建立的对特定的人或事物的情感色彩明显的倾向性态度。偏见虽然可能表现为正面的偏爱，但往往是消极的态度倾向，且带有鲜明的情感色彩。

（2）偏见与态度、刻板印象和歧视的关系。

态度包括三个成分：认知、情感和行为倾向。

①刻板印象体现的是态度的认知成分，它代表着人们对其他团体的成员所持的共有信念，刻板印象可能对，也可能错。

②偏见是与情感要素相联系的倾向性，它对他人的评价建立在其所属的团体上，而不是认识上；偏见既不合逻辑，也不合情理。

③歧视是态度的行为成分的体现，我们对某些人的认识和情感都是负面的，所以我们在行为上用不公正的方式对待他们。

2. 偏见的特点

①偏见以有限或不正确的信息来源为基础。

②偏见的认知成分就是刻板印象。

③偏见有过度类化的倾向。

④偏见含有先入为主的判断。

3. 偏见产生的原因

（1）团体冲突理论　　　　　　　　　　　》 TIPS ①

偏见是<u>团体冲突的具体表现</u>。若人们认为自己有权获得某种利益却没有得到，当他们把自己与获得这种利益的团体相比较时，便会产生相对剥夺感，这种相对剥夺感最可能引发对立与偏见。

（2）社会学习理论　　　　　　　　　　　》 TIPS ②

偏见是偏见持有者的<u>学习经验</u>。在偏见的学习过程中，父母的榜样作用和新闻媒体的宣传效果最为重要。

（3）认知理论

认知理论用<u>分类</u>、<u>图式</u>与<u>认知建构</u>等解释偏见产生的原因，认为人们对陌生人的恐惧、对内团体与外团体的不同对待方式，以及基于歧视的许多假相关等都加重了人们对他人的偏见。

（4）心理动力理论

心理动力理论用个体的内部因素解释偏见，认为偏见是<u>由个体</u>

例如，在第二次世界大战前，很多人将犹太人看作竞争对手，从而导致了大范围的敌意和偏见。

例如，儿童的种族偏见与政治倾向大多来自父母，儿童受新闻媒体的影响产生了对某些人的偏见。

内部发生、发展的动机性紧张状态引起的。

它有两种不同的形式：一是把偏见看作一种替代性攻击；二是将偏见视为人格反常或人格病变。

（5）人格理论

有研究者用右翼权威性量表测量权威性人格中的保守主义、攻击性与服从，发现右翼权威性能聚合成单一维度，而且能有效预测偏见和自我中心行为。

4. 偏见的影响

（1）对他人的知觉

偏见会影响人们对他人的知觉。以性别偏见为例，尽管照片上男性与女性的身高一样，但人们的实际判断仍然有很大的差异。

（2）对自己和他人行为的影响

我们持有的一些偏见会影响自己和他人的行为。例如，自我实现的预言证明了偏见持有者对他人的期望会使对方按照这一期望去表现、行动。

（3）对社会生活的影响

偏见会给社会生活造成破坏性的后果，使人与人之间产生消极的情感，导致人与人之间疏离。这种疏离反过来又会强化偏见，从而形成恶性循环。偏见的进一步发展还可能导致歧视和侵犯行为。

5. 克服偏见的方法

（1）**社会化**　　　　　　　　　　　　　

儿童、青少年的偏见主要是通过社会化过程形成的，因而通过对这一过程的控制可以减少或消除偏见。在社会化过程中，尤其要注意父母、周围环境和媒体对儿童和青少年的影响。

（2）**受教育程度**

人们接受的教育越多，偏见就越少。有时候人们的偏见来源于自己的无知和狭隘。

（3）**直接接触**

在某些条件下，对立团体之间的直接接触能够减少他们之间存在的偏见。这些条件包括地位平等、有亲密的接触、团体内部有合作、有成功的机会、团体内部有支持平等的规范。

（4）**自我监控**　　　　　　　　　　　　

因为偏见本身与认知过程有关，所以对认知过程进行监控可减少偏见。当人们意识到自己有偏见时，可以通过静下心来想、抑制自己的偏见反应等来减少偏见。

在此过程中，自我批评、搜寻引发偏见反应的情境线索都有助

例如，对于歌颂英雄人物的文艺作品，如果以少数民族人物的名字与背景为题材，则可以成功消除人们的民族偏见。

抛弃或转移根深蒂固的偏见就像改掉一个坏习惯一样，它不会自动发生，而是需要付出有意识且坚持不懈的努力。

于偏见的消除或减少。

（5）**认知和情绪训练**

可以通过训练思维和情绪调节方式来消除个人偏见。

①认知干预：通过实践或重复矛盾来改变人们对于特定事件的看法。

②认知-情绪干预：通过直接或间接的认知技巧来改变情绪体验。

③换位思考：即站在另一人的位置上想象自己会如何思考与行动。

知识点 2　歧视 ★

1. 歧视的含义

歧视是指不平等地看待和对待某个特定对象，其核心是将特定对象看得比自己低劣，并使自己的压迫、强制、剥夺对方的行动合理化，造成社会地位、经济地位的不平等。

歧视总是以牺牲某族群的利益为代价，提高另一族群的利益。

2. 性别歧视和种族歧视

①性别歧视：一类性别成员对另一类性别成员的歧视，尤其是男性对女性的歧视。

②种族歧视：对除本身所属的种族以外的种族有一种既有的倾向性、排斥性的偏见。

知识点 3　刻板印象 ★

1. 刻板印象的含义　　　　　　　　　　》TIPS ⑤

刻板印象也称类属思维，是指人们通过<u>整合有关信息及个人经验</u>形成的一种针对特定对象的<u>既定认知模式</u>。

2. 刻板印象的作用

①积极作用：简化认知过程，节约认知资源，反映一定的客观现实。

②消极作用：具有僵化性，常常是对信息的扭曲、对群体特性的过度简化或过度夸大，忽略各成员的异质性，产生先入为主、以偏概全的偏差。

3. 改变刻板印象的方法　　　　　　　　》TIPS ⑥

典型方法就是让被试<u>直接接触</u>不符合原有刻板印象的群体成员，或者<u>间接呈现反刻板印象的描述信息</u>。媒体信息对受众的刻板印象的影响力不可忽视。

本节小结

本节主要介绍了偏见、歧视以及刻板印象的相关内容，具体包括偏见的含义、特点、产生的原因、影响、克服偏见的方法，歧视的含义、性别歧视和种族歧视，刻板印象的含义、作用、改变刻板印象的方法。要注意三者的联系和区别。　》TIPS ⑦

TIPS ⑤

例如，刻板印象认为北方人都高大威猛，南方人都娇小瘦弱。刻板印象一般是通过两条途径形成的：一是通过直接经验获得，直接与某些人或某个群体接触，在头脑中固化他们的一些特点；二是通过间接方式获得，例如，通过他人介绍、媒体宣传等形成对某个群体的概括性印象。

TIPS ⑥

刻板印象一旦形成，就具有较强的稳定性，很难被改变，但其也不是一成不变的。

TIPS ⑦

偏见、歧视、刻板印象的联系与区别：

歧视的本质是一种行为，偏见更多的是一种观念和态度，而刻板印象则是一种认知标签。

带有偏见的人不一定会用偏见去指导自己的行为，不一定会把偏见转化为言语或行动。

歧视行为的背后一般都有偏见作祟，但也有些歧视行为可能是个人对某个群体没有理由的仇恨和厌恶的表现。

刻板印象人人都有，但有些人会把刻板印象当成现实的全部，不去获取更具体、更客观的信息，并以此作为自己的偏见甚至歧视行为的基础。

第二节 利他行为

知识点 1　利他行为的定义 ★　　》TIPS ①

利他行为是指在毫无回报的期待下，个体表现出志愿帮助他人的行为。

知识点 2　利他行为的理论解释 ★★★

1. 社会生物学论

（1）威尔逊等人的社会生物学观点

威尔逊用进化论来解释利他行为。他认为，从个体角度来讲，利他行为确实会使一个人处于危险之中，但对群体而言，利他行为有利于整个群体。因此，利他行为是人的先天特性，来自我们的基因，可以遗传。

（2）Buss 的观点

Buss 提出的"进化心理学"思想，试图依据自然选择法则和遗传因素，来解释人类的社会行为。

①亲缘保护：基因使人们愿意关心与自己有亲缘关系的人，能够提高基因存活可能性的自我牺牲就是为自己的亲戚做奉献。

②群体选择：当群体之间进行竞争时，相互支持的、利他的群体比非利他的群体会持续更长的时间。

2. 社会进化论

这一理论认为，在人类文化与文明的历史发展过程中，人类选择性地进化本身的技能、信念和技术。利他行为是遍布整个社会的行为，因此其也在进化中得到了发展，并已成为社会规范的一部分。以下 3 种规范对利他行为很重要。

①社会责任规范：人们有责任和义务去帮助那些依赖我们并需要我们帮助的人。

②相互性规范：也叫互惠规范，是指助人行为应该是互惠的，别人帮助了我，那么我也应该帮助别人。

③社会公平规范：帮助那些值得帮助的人。

3. 学习理论

学习理论认为，儿童在成长过程中对利他行为规范的掌握是学习的结果。

在学习过程中，强化和模仿很重要，儿童会模仿父母或他人的助人行为，并将其融入自己的生活中。因此，父母的教养方式对孩子的利他行为有较大的影响。

TIPS ①

亲社会行为、利他行为、助人行为的关系：从概念范畴的大小来看，亲社会行为最大，它包括利他行为和助人行为，而助人行为又包括利他行为。助人行为指一切有利于他人的行为，包括期待回报的行为。

4. 社会交换理论 >> TIPS ②

（1）这一理论认为，人们在利他行为中试图<u>追求最大的收益和最小的成本</u>。

（2）利他行为的收益可以有多种形式，得到赞扬、受到奖励，甚至对将来可能的回报的期望等，都可以看作利他行为的收益。

（3）而利他行为的成本则包括时间、金钱和可能的责难等。

5. 移情与利他主义

这一理论认为，人们常常纯粹出于善心而助人，即纯粹的利他主义，人们的唯一目的就是帮助他人，即使做这些事会使自己付出某些代价。

知识点 3 利他行为的影响因素 ★★★

1. 情境因素

（1）文化差异

文化差异主要存在于东、西方文化之间。在所有文化中的人都更可能帮助他们认为是团体内成员的人，较少帮助他们认为是团体外成员的人。

文化因素在决定人们划分内团体、外团体之间界限的清晰程度中起作用；相比于个人主义文化，互倚文化中的个体会更多帮助内团体成员，更少帮助外团体成员。

（2）他人的存在

当有其他人存在时，人们不大可能去帮助他人。人越多，帮助他人的可能性越小，同时给予帮助的延迟时间越长。这种现象被称为旁观者效应。引起旁观者效应的主要原因有以下几点。

① <u>责任扩散</u>：周围他人越多，每个人分担的责任就越小，这种责任分担会抑制个人的助人行为。

② <u>情境的不明确性</u>：人们有时无法确定某一情境是否真正处于紧急状态，其他旁观者的行为就自然而然地会影响该个体对情境的定义，进而影响他的行为。

③ <u>评价恐惧</u>：人们如果知道别人正注视着自己，就会去做一些他人期望自己去做的事情，并以较受大家欢迎的方式表现自我，也就是说，试图避免社会非难的心态抑制了人们的助人行为。

（3）环境因素

例如，天气条件、社区大小、噪声等都会对人们的利他行为产生影响。

（4）时间压力

在没有时间压力的情境下，人们会有更多的利他行为。

TIPS ②

社会交换理论强调利他行为自身的理由，似乎任何利他行为都是带着"自私"的目的的，这显然不符合利他行为的定义。

2. 利他者的特点

（1）人格　　　　　　　　　　　　　>> TIPS ③

某些人格特质能使一个人在一些情境下表现出更明显的利他倾向。

（2）心情

好心情使人更愿意帮助别人，但其起作用的时间一般很短暂。

（3）内疚感

内疚感是当人们做了一件自己认为错误的事时所唤起的一种不愉快的情绪。为了缓解这种情绪，人们常常会选择去帮助他人。

（4）个人困扰与同情性关怀　　　　　>> TIPS ④

①<u>个人困扰</u>：我们在他人受难时所产生的个人反应，如恐惧、无助或任何类似的情绪，会促使我们设法缓解这种不舒服的感觉，而帮助他人就可以达到这一目的。

②<u>同情性关怀</u>：同情心及对他人的关心等，尤其指替代性地或间接地分担他人的苦难，这种关怀也只能通过帮助处于困境中的他人而缓解。

（5）宗教信仰

有宗教信仰的人在帮助他人这件事上花费的时间更多。

（6）性别

在陌生人需要帮助而又有潜在危险的情境中，男性更有可能给陌生人提供帮助；但在较为安全的情境中，女性提供帮助的可能性稍大一些。

3. 求助者的特点

（1）是否受他人喜爱

人们经常会帮助自己喜爱的人，而人们对他人的喜爱一开始便会受到外貌与相似性等因素的影响。在许多情况下，长相漂亮的人更有可能获得他人的帮助。

（2）是否值得他人帮助

假如一个人能够靠自己的力量完成某项任务，人们便倾向于不去帮助他。

（3）性别

男性通常会比女性表现出更明显的助人倾向，但男性的助人行为有时候只针对女性求助者，尤其是漂亮的女性求助者。女性的助人行为则通常不受求助者性别的影响，并且在某些特定的情境下女性会表现出更强的助人倾向。

知识点 4　利他行为习惯的培养 ★★★

1. 明确责任与增加互动

①帮助人们正确解释事件，从而增强责任的明确性，增加助人

TIPS ③

例如，具有较强的同理心、社会赞许需求高的人更有可能做出利他行为。

TIPS ④

二者的区别在于，个人困扰将焦点集中在自己身上，而同情性关怀将焦点集中在受害者身上。个人困扰促使一个人设法缓解自己不舒服的感觉，人们既可以通过帮助他人达到这一目的，也可以通过逃避现实或忽略苦难事件达到这一目的；而同情性关怀只能通过帮助处于困境中的他人来缓解。

的可能性。

②直接的人际相互作用能明显增加人们的助人行为。因此，通过增加人际相互作用来激发利他动机，是十分有效的方法。

2. 示范作用

示范作用对助人行为的提高实际上是基于社会学习理论的，即我们的助人行为可以通过观察他人的助人行为而习得，具体来说，有现场、媒体人物两种形式的示范作用。

3. 助人情感的培养

（1）培养移情能力

移情是对他人情绪的理解而唤起自己的与此相一致的情绪状态的过程，属于人际交往中情感的相互作用。移情可以增加利他行为和其他亲社会行为，是亲社会行为的重要促动因素。移情训练是一种培养移情能力的有效方法。

（2）动机提升　　　　　　　　　　　　　　　» TIPS ⑤

引导人们产生利他动机，使人们以充分的内在理由来促进一种利他行为。

例如，如果研究者在个性测试后告知被试，他是一个善良、有同情心的人，那么被试在遇到需要帮助的人时，会表现得更为友好。

4. 助人技能的学习

斯陶布认为，产生助人行为有两个关键因素：一是对不幸者的状态进行设身处地地设想和体验的能力，即移情能力；二是具备帮助他人的知识或技能。因此，通过训练移情能力和学习助人技能，就可以培养利他行为。

5. 价值取向的教育

就利他行为的产生来说，其最直接的根源还是利他者的价值取向，通过教育改变个人的价值取向可以增加亲社会行为。

> **本节小结**
>
> 本节主要介绍了与我们日常生活息息相关的利他行为。要注意利他行为和亲社会行为、助人行为在定义上的区别，掌握利他行为的5种理论解释及影响因素，同时要能够在实际的情境中，灵活运用利他行为的培养方法。

第三节　侵犯行为

知识点 1　侵犯行为的定义 ★　　　　　　» TIPS ①

侵犯行为有时也可以称为**攻击行为**，是一种**有意违背社会规范的伤害行为**。这种伤害行为可以是实际造成伤害的行为或语言，也可以是旨在伤害而未能实现的行为。**伤害行为**、**伤害意图**和**社会评**

从在校园霸凌到球场斗殴，从办公室同事之间的相互中伤到美国发动的两次伊拉克战争，都是不同表现形式的侵行为。

价是侵犯概念的 3 个要素。

判断侵犯行为时，需要分析以下 3 个方面的情况。

①具体的外在行为表现如何。

②其行为是否违反社会规范。

③个体的内在动机或意图如何。

知识点 2 侵犯行为的分类 ★

1. 根据侵犯的方式分类

①言语侵犯：使用语言进行的侵犯行为，如谩骂、讽刺、诽谤、嘲笑等。

②动作侵犯：使用身体某一部位或武器进行的侵犯行为，如踢打、撞击、砍杀、枪击等。

2. 根据侵犯的动机分类

①报复性侵犯：目的在于造成对方身心上的痛苦或伤害，例如，帮派之间聚众斗殴。

②工具性侵犯：目的在于通过侵犯对方达到其他的目的，例如，小孩为了抢玩具而欺负同伴。

3. 根据侵犯的指向性分类

①公然侵犯：直接侵犯，通常以与他人面对面公开对抗的行为为特征，如身体攻击、语言威胁。

②关系侵犯：间接侵犯，通过有意操纵同伴或者威胁同伴伤害他人的行为，属于心理欺负，如有意中断关系或威胁中断关系、传播谣言。

4. 根据侵犯行为是否违背社会主流规范分类

①反社会的侵犯行为：违背社会主流规范，诸如人身攻击、凶杀、打群架等故意伤害他人的犯罪活动。

②亲社会的侵犯行为：不违背社会主流规范，还可以为维护社会秩序而服务，例如为了治安而执行除恶的任务、公检法人员抓小偷、调查贪污、惩罚罪犯等。

③被认可的侵犯行为：既不违背社会主流规范，也不是为社会规范服务所必需的，是经过长时间而形成的社会习惯，比如父母使用体罚方式教育不听话的孩子等，是介于反社会的侵犯行为和亲社会的侵犯行为之间的一种行为。

知识点 3 侵犯行为的理论解释 ★★★

在对侵犯行为的解释中，本能理论、生物学理论倾向于从生物学机制的解释出发，认为侵犯是由内部因素引起的；挫折—侵犯理

对于侵犯他人的青少年来说，为了逃避惩罚，隐蔽的关系侵犯是他们最常用的一种方式。

论和社会学习理论则关注外部因素的作用。

1. 本能理论

本能理论认为，侵犯是一种本能。弗洛伊德、洛伦茨都是本能理论的支持者。弗洛伊德认为侵犯是一种破坏性行为；洛伦茨则认为侵犯是一种适应性行为。

2. 生物学理论

生物学理论认为，边缘系统（海马）、杏仁核、大脑皮层、血液成分和激素水平等因素都会影响侵犯行为。

3. 挫折–侵犯理论　　　　　　　　　　>> TIPS ③

挫折–侵犯理论最初由**多拉德**、**米勒**等人提出。

（1）最初的观点

最初的观点认为，受到挫折的人总是会采取某种形式的侵犯行为，而所有的侵犯行为都产生于挫折。

① **挫折**：任何阻碍我们实现目标的事物，即当我们想要什么东西却又得不到的时候，我们就是遭受了挫折。

② **挫折与侵犯行为的关系**。

a. 侵犯行为永远是挫折的一种后果。

b. 侵犯行为的发生总是以挫折的存在为条件。

c. 侵犯行为只有一个原因（挫折），挫折只有一个反应（侵犯）。

③ **替代性侵犯**：当侵犯者发现对方力量强大或地位很高，自己的力量不足以与其抗衡时，替代性侵犯就有可能出现。

（2）理论的修正

伯科维茨认为，不仅仅是挫折或愤怒能引发侵犯行为，任何的负面情绪都能引发侵犯行为。侵犯线索的出现会增加个体做出侵犯行为的可能性，但在没有线索时，侵犯行为也可能出现。

① **侵犯线索**：那些经常伴随着引发挫折的对象和侵犯行为出现的刺激物，可以是任何事物。伯科维茨认为，只有当环境中出现能引发侵犯行为的适当线索时，侵犯行为才会出现。

② **武器效应**：武器的存在会增加侵犯行为。

4. 社会学习理论

社会学习理论是由班杜拉提出的。他认为侵犯是直接经验和观察学习的结果，其机制是强化和观察学习（模仿）。

5. 社会信息加工模型

（1）道奇及其同事提出的社会信息加工模型（简称SIP模型），对攻击行为的产生作了最全面的梳理，是目前最具影响的理论观点。

（2）道奇认为，儿童受到挫折和挑衅后的反应不仅依赖于情景

TIPS ③

一位父亲在公司受到了老板的批评，回到家就把在沙发上跳来跳去的孩子臭骂了一顿。孩子心里窝火，又狠狠去踹身边打滚的猫。

中的社会线索，还依赖于儿童对这种信息的加工和解释。

（3）个体从面临某一社会线索到作出攻击反应的整个信息加工过程包括五个步骤。

①译码过程：儿童从环境中收集与激惹性事件有关的信息。这种收集线索的能力会影响儿童的应对反应。

②解释过程：儿童随后会根据以往的相似经验来整合收集到的情境线索，考虑自己在此情境中的最终目标是什么以及对方的行为是偶然的还是故意的。

③寻求反应过程：对情境进行解释之后，儿童会考虑可选择的应对反应。如考虑对问题情境作出亲善的还是攻击性的行为反应。

④反应决策过程：儿童权衡各种应对反应的利弊，然后选择他认为在该情境中最恰当的反应方式。

⑤编码过程：最后儿童将执行他所选择的反应方式。道奇指出儿童也许会缺乏实施自己选择反应的能力，也就是说，儿童本来会考虑通过警告对方来避免进一步的敌对反应，但很可能因为缺乏相应的言语表达能力而以打一架而告终。

知识点 4 侵犯行为的影响因素 ★★★

1. 个人因素

（1）A 型性格

研究证明，A 型人格的人比 B 型人格的人更具有侵犯性。

① A 型人格：更具竞争意识，更能为成功而奋斗；有时间紧迫感；在对待挫折情境时，更容易产生攻击性和敌意。

② B 型人格：竞争意识不是很强，行事从容，不易发怒。

（2）敌意归因偏差

敌意归因偏差是指在情境不明确的状况下，我们会将对方的动机或意图视为有敌意的倾向。当这种倾向越明显，就越有可能表现出侵犯行为。

（3）性别　　　　　　　　　　　　　» TIPS ④

男性比女性更具侵犯性。男性的侵犯行为多为动作侵犯，而女性的侵犯行为多为言语侵犯或间接侵犯。

2. 情境因素

（1）高温

温度与侵犯性之间的关系是曲线关系。随着气温的升高，侵犯性会增强，当温度达到某一点时，侵犯性会达到最高值；超过这个点，随着气温的升高，侵犯性反而会减弱。

> **TIPS ④**
>
> 研究发现，男性会更加公开地表现出侵犯行为，女性则倾向于偷偷摸摸地攻击别人，如说闲话、背后诽谤、散布谣言等。可能的原因是：激素等生理上的差异；女性在没有受到挑拨的时候会更少表现出攻击性；女性在进行公开攻击时，比男性更易有罪恶感和焦虑感。

（2）酒精和药物

酒精在某种程度上会导致侵犯行为。镇静剂具有与酒精相似的作用。

（3）唤醒水平 >> TIPS ⑤

个人的情绪唤醒水平会直接影响侵犯行为。不仅总的情绪唤醒水平直接影响人们的侵犯行为，特异性的唤醒水平也会影响人们的侵犯行为。

（4）去个性化

去个性化的概念是由费斯廷格提出的。去个性化指个人在群体中的自我同一性意识下降，自我评价和控制水平降低的现象。在去个性化的状态下，个体的侵犯性增强。

（5）侵犯性线索

情境中与侵犯相关的一些线索，如刀、枪、棍等器械，往往会成为侵犯行为产生的原因，并且能够使已经愤怒的个体的侵犯性加强。

3. 社会因素

（1）文化

文化规定了侵犯行为的表达方向。有些文化鼓励侵犯行为，有些文化禁止侵犯行为，还有一些文化鼓励以不公开的侵犯行为替代公开的侵犯行为。

（2）媒体暴力

媒体暴力是指大众媒体（包括电影、电视、报纸杂志、网络等）传播的暴力内容对人们的正常生活造成负性影响的现象。媒体暴力会增强公众，尤其是儿童的侵犯性。

（3）社会赞许与模仿

孩子会模仿成人或者和他们年龄相仿的人，特别是当他们看到这些人的侵犯行为得到奖励时。

知识点 5 减少侵犯行为的方法 ★★★ >> TIPS ⑥

1. 个人层面

（1）移情能力的培养 >> TIPS ⑦

移情包括两个方面：一是识别和感受他人的情绪、情感状态；二是能在更高级的意义上接受他人的情绪、情感。角色扮演是培养移情能力的良好方法。

（2）成熟个性的培养

个性成熟者的自我意识和控制水平较高，对别人进行侵犯的可能性较小。道德水平是成熟个性的核心标志。提高个人的道德水平

一方面，生理唤醒本身会进一步激发、维持或强化个体当前的行为倾向；另一方面，若一个人错误地认为自己的唤醒由他人引起，则由其他刺激引起的敌意就会指向该人。

减少侵犯行为的方法属于一个开放性的知识点，并没有标准答案。本书整合了不同教材中的观点，考生也可以提出自己认为可行的方法。

恻隐之心，人皆有之。一个人对他人的感情移入越多，他就越能把自己当作受害者，从而体验他人的痛苦情绪。

会减少侵犯行为的发生。

（3）降低挫折与学习抑制自己的侵犯行为

由于侵犯行为与挫折有着紧密的联系，所以通过减少挫折来减少侵犯行为是一个好的方法。在生活中我们应该常常注意自己的言行，不要成为他人的挫折制造者。同时，我们还要学习抑制自己的侵犯行为，可以从对方的立场出发，看看自己的行为到底会给他人造成什么样的危害。

（4）替代性侵犯与宣泄

①替代性侵犯是指以其他方式对另一目标表现出侵犯行为，又称侵犯转移。其基本原则是：目标对象与挫折来源越相似，个体对该目标对象的侵犯性冲动越强烈。

②宣泄的基本假设是：侵犯性的精神能量是一个常数，能量聚集得越多，侵犯行为发生的可能性越大。若这些不良情绪得以合理宣泄，就可以减小侵犯性的强度，攻击行为也会随之减少。

 >> TIPS ⑧

宣泄是针对已经做好了对一定对象的侵犯准备而言的。对于未做好侵犯准备的人，想象、目睹别人实施侵犯行为，可能会增加侵犯的危险性。

（5）培养沟通与解决问题的技巧

教人们如何以富有建设性的方法来表达愤怒与提出批评，如何在冲突时学会协调与妥协，以及如何对别人的需求更敏感地做出反应。

2. 情境层面

（1）示范非侵犯行为 >> TIPS ⑨

如果在相似的情境下，儿童目睹了他人的非侵犯行为，则他们表现出侵犯行为的可能性就会降低。

这说明，正如攻击性的榜样会增强人们的攻击性倾向一样，非攻击性的榜样也会减弱人们的攻击性倾向。

（2）创造良好环境

在儿童的成长时期，减小大众媒体发布的攻击和暴力信息对儿童的影响，创造一个良好的环境，有助于减少儿童及其成年后的侵犯行为。

（3）避免去个性化

个体要意识到去个性化的危险，特别是在大规模的群体中，要注意保持对行为的自我控制；社会要加强对群体，特别是大规模群体的监控和引导，减少因去个性化而导致的侵犯行为。

3. 社会层面

（1）利用惩罚 >> TIPS ⑩

惩罚对减少攻击行为是有效的，但是只有在一定条件下才有效。要使惩罚起作用，就必须满足以下3个条件。

①惩罚必须在攻击行为发生之后尽快地实施。

②惩罚必须要有足够的强度，以起到杀一儆百的作用。

③惩罚必须具有一贯性和连续性，即发生侵犯行为就应该马上

惩罚要注意适度；要注意侵犯者的个性；要注意分析侵犯的动机。

进行惩罚。

（2）社会公平的建立

社会的不公平现象会使广大人群产生巨大的心理落差，使其产生嫉妒、不满及仇恨等不良情绪，甚至引发剧烈的社会动荡。

> **本节小结**
>
> 侵犯行为是与利他行为相反的概念。首先，本节介绍了侵犯行为的定义、分类及理论解释。然后，本节从个人因素、情境因素、社会因素3个方面探讨了侵犯行为的影响因素，对于这部分内容（考生与利他行为的影响因素进行对比记忆）。最后，本节介绍了减少侵犯行为的方法。对于这部分内容，考生要重点记忆。

第四节　合作、竞争与冲突

知识点 1　合作与竞争 ★★★

1. 合作

（1）合作的含义

合作是指不同的个体为了共同的目标而协同活动，促使某个既有利于自己又有利于他人的结果得以实现的行为或意向。

（2）合作的意义

①**相互帮助**：参与合作的所有成员的某些行为是可以互相替代的。

②**相互鼓励**：成员们为完成任务而产生彼此肯定的情绪。

③**相互支持**：当群体中某个成员的行为能促使群体更接近共同目标时，其他成员会接受并支持他的行为。

（3）有效合作的条件

①**目标一致**：这是合作的前提，只有目标一致才能在行动中相互配合。

②**行动配合**：为了实现目标，要有具体的行动方案，合作者都能了解和认可行动方案，清楚地知道自己该干什么，并且具备行动所需的知识和技能。

③**相互信任**：如果相互猜疑，就会发生冲突，甚至中断合作。

④**共享成果**：如果合作的一方意识到即使目标实现也无法分享利益，就会退出合作。

（4）合作的社会作用

①合作是促使人们良好交往和友好共处的有效工具。

②合作是个人和组织提高竞争力的有效途径。

TIPS 1

人类天生就是合作的动物，没有合作，就没有人类社会的存在和发展，也就没有个体或群体的存在和发展。

2. 竞争

（1）竞争的含义

竞争是指不同个体为同一个目标展开争夺，促使某个只有利于自己的结果得以实现的行为或意向。

（2）竞争的意义

多伊奇指出，在竞争条件下，人们活动的数量和质量都有很大的提升。

（3）积极竞争的条件

①**目的正确**：竞争的目的在于实现自己的目标。竞争双方并不直接形成对抗和排斥的关系，一旦把对抗和排斥作为主要目的，竞争就会变成冲突。

②**手段合理**：采取正当手段，着眼于提高和发展自己。

③**遵守规则**：只有竞争双方遵守一定的规则，才能保证竞争的顺利进行。

④**竞争适度**：过于频繁和激烈的竞争会使个体长期处于紧张和焦虑状态，不利于个体的身心健康，也不利于良好人际关系的建立。

（4）竞争的社会作用

①一定强度的竞争对群体行为有着积极的作用，可提高群体的效率，增强群体的凝聚力。

②竞争是一种原发动机，是人们寻求自身意义和支撑的一种方式。

3. 合作与竞争

（1）合作与竞争的原因

①**自我利益最大化**：个体都是自我利益至上的。合作社会的功能性更强，个体从中可以获得更大的自我利益。

②**相互依赖**：当合作更能促使利益最大化时，个体倾向于通过合作来实现目标。凯利提出了**相依理论**，认为个人会从追求暂时的简单利益转向追求长期的优化利益或群体利益。

③**情感与承诺**：情感可以激发人们利他主义的价值取向，当个体与群体中某一特定个体产生心意相通的感觉时，他倾向于与这个个体合作，而不管所得的结果对整个群体是否有利。而承诺是另一个激活利他合作的因素。

④**攻击本能**：人类采取竞争行为的其中一个原因是攻击本能。

（2）合作与竞争的影响因素

①**人际交互作用**：根据社会交换理论，在人际交往过程中，如果双方之间能够形成一种公平和相互获益的关系，那么这种关系就能继续与发展，否则就会减少或停止。人际交往过程中的合作或竞争也遵循同样的规则。

TIPS 2

在社会生活中，竞争往往通过竞赛的形式表现出来，如球赛、职称评比、数学竞赛等。竞争的目的在于追求富有吸引力的目标。任何竞争都存在一个根本法则，即优胜劣败。

TIPS 3

提高和发展自己就是积极竞争，破坏和贬低对方就是消极竞争。

②**沟通**：充分的沟通会导致更多的合作。群体成员间的沟通会影响合作或竞争行为。

③**个体特点**：群体成员的社会特性，包括群体成员的种族、年龄、性别、受教育程度、角色地位等特征，都会影响合作和竞争行为。

④**奖惩结构**：不同的奖惩结构对于个体选择竞争还是合作有很大的影响。

a."**竞争性相互依存**"结构：个体最终所得是以别人的失去为条件的。

b."**合作性相互依存**"结构：成员之间以积极的方式相联系，群体的绩效是以成员间的合作为基础的，每一名成员做得愈好，群体愈可能取得最后的胜利。

c."**个人主义**"结构：成员之间的成绩相互独立的结构。在这种结构中，个体之间相互独立而不易发生直接的竞争关系。不过由于在个体主义结构中，个体的独立性被强调，成员彼此之间缺乏必要沟通、认同与合作，易于形成个体的分化而产生成员间始于社会比较欲望的原发性竞争倾向。

除此之外，群体的规模、认知特性、任务难度和类型也都会影响群体成员的行为是倾向于竞争还是倾向于合作。

（3）合作与竞争的关系　　　　　　　　　　》TIPS ④

①**合作与竞争既对立又统一**。一方面，二者不能同时并存于同一主体的选择中；另一方面，它们相互依存、相互转化。

②**合作与竞争在形式上是对立的，但在社会生活中常常相伴出现**。很多活动既有合作成分，又有竞争成分。

③**竞争存在于合作之中，合作以竞争为前提**。

（4）研究合作与竞争的实验

研究合作与竞争的实验包括<u>囚徒困境</u>、<u>赌博游戏实验</u>、<u>鼓励合作实验</u>、<u>卡车运输实验</u>等，这些实验都证实了在合作与竞争中，人们更倾向于优先选择竞争。

以囚徒困境为例，警察认为两名嫌犯共同参与了一项犯罪活动，但没有证据。于是警察将两名嫌犯分开囚禁，并向双方提供如下选择。

①若两人都认罪，则都被判刑 10 年。

②若一人认罪并作证检举对方，另一人不认罪，则认罪者被释放，不认罪者被判刑 15 年。

③若两人都不认罪，则两人都被判刑 1 年。

在这一困境中，两名嫌犯都选择不认罪而共获轻判就是一种合作；其中一名嫌犯在同伴选择不认罪的前提下自己选择认罪，只求

TIPS ④

实际上，无论是个人之间的关系还是群体或国家之间的关系，合作都是暂时的、相对的，而竞争才是长远的、绝对的。人类在合作中发展，也在竞争中长大。

自己能够获释，就是一种竞争。

4. 社会两难情境

（1）社会两难情境的含义

社会两难情境又称社会困境，是个体利益和群体利益发生冲突的一种情境。当群体中每个成员的选择都倾向于对自己有利，而个人的选择累积起来的后果最终会对群体成员（包括选择者本人）不利时，就出现了社会两难情境。

（2）社会两难情境的属性

①无论群体中其他个体是做出合作选择还是背叛选择，个体做出背叛选择所得到的收益都要高于其做出合作选择所得到的收益；

②行为选择的结果依赖他人做出的选择；

③与合作选择相比，背叛选择总是对他人有害；

④所有人合作的结果要比所有人背叛的结果更好。

（3）社会两难情境的类型

①公共资源两难。公共资源两难是指人们对于有限资源不加节制地恣意使用，最终每个人都会蒙受资源短缺的后果。

②公共福利两难。公共福利两难是指人们都使用诸如血液、公共交通设施、公园等社会福利服务，但却不给予回馈。如果每个人都只索取而不给予，这种公共福利最终会无法维持下去。

知识点 2　冲突 ★★★

1. 冲突的含义

冲突是个体或群体感受到另一方采取不利于自身利益的行为并进行反击的现象。

2. 冲突的形式

冲突有两种形式：零-总和冲突、非零-总和冲突。

①零-总和冲突：冲突中一方的收益就是对方的损失，冲突完全是竞争性的。

②非零-总和冲突：冲突中一方的收益不等于对方的损失，囚徒困境就属于这种冲突。

3. 冲突的 4 个要素（过程）

①双方存在对立的利益关系。

②各方都坚信对方将会或已经损害自己的利益。

③双方都意识到对立关系。

④采取行动损害对方利益。

4. 冲突的作用

冲突既有积极的作用，也有消极、破坏的作用。

①在某些情况下，冲突是互动双方深入了解对方的一种途径。

②群际间的冲突是群体确认其同一性的一种有效手段。

③冲突能够引发社会变革。

④冲突可能会引起人际关系的破裂和资源的巨大浪费。

⑤激发功能正常的冲突，可以促进企业的沟通和变革。

5. 引发冲突的因素

双方利益的对立是引发冲突的前提条件。此外，还有很多其他因素在冲突的引发上具有重要作用。

（1）**竞争**：竞争情境能引发群体的冲突。

（2）**威胁**：威胁会对冲突的发生和升级起推波助澜的作用。

（3）**不公正感**：冲突在人们感知到不公平的情况时更容易发生。如果一个社会的不同阶层和人群关于公正和公平的理解不一致，甚至相互矛盾，这个社会就很容易发生各种冲突。

（4）**知觉偏差**：社会群体间的冲突常常是由知觉偏差引发的，刻板印象、偏见、群体极化、自我服务倾向等都可能会引起人们对其他群体的误解。

①**镜像知觉**：指对立双方持有关于对方的相似的知觉印象。这种印象通常是负性的、消极的。镜像知觉的连锁效应其实是一种预言的自我实现。

②**双重标准**：人们倾向于认为自己所做的事情都是具有正向意义——好的、对的；而对方所做的都是负向指向的——邪恶的、坏的等。

③**冲突维持归因**：人们倾向于用不好的解释去推断对方的某种行为。认知偏差的结果，使双方维持不信任状态，并会在特定事件的触发下最终引发冲突。尤其需要注意的是，这些归因上的偏差在群体情境中更容易出现。

（5）**个人因素**：包括个人的价值观体系和个性特征两个方面。

6. 冲突的平息

①**接触**：可以促使人们进行交流，减少敌意，进而降低冲突发生的可能性。

②**共同目标**：能引发更高的同一性，形成一个新的更大的群体，冲突被融合替代。

③**谈判**：一种更正式、更直接、更公开化地解决冲突的方式。

④**第三方的介入**：当接触没有发生作用、合作失败或谈判陷入僵局时，冲突双方会请第三方介入，或者与双方都有关联的第三方主动介入，充当调停人、和解人或仲裁人，帮助冲突双方找到解决冲突的方法。

7. 托马斯的冲突解决方式

托马斯从人们关注自己、关注他人两个维度对一个人进行分析，总结出了人们解决冲突的 5 种方式。

①对峙：比较关注自己的需求，对他人漠不关心。采取对峙方式解决冲突的人常常是在某些方面实力较强的人。

②逃避：常常拒绝承认冲突的存在，尽可能地避免与他人接触，既不关注自己的需求，也漠视他人的存在。

③顺应：比较关注他人的感受与需求，不关注自己的需求，常常会做出让步，即使自己没有过错。

④妥协：运用各种各样的方式与他人进行协商，直到双方妥协。尽管这种方法比较合理，但也包含许多风险。妥协双方对自己与他人的关注均处于中等水平。

⑤合作：双方将冲突作为需要双方共同处理的问题，这是解决冲突的最佳方式。合作的双方既关心自己，也关心他人。

> **本节小结**
> 本节介绍了合作、竞争与冲突。合作与竞争部分主要介绍了合作和竞争的含义、意义、条件、社会作用，以及合作与竞争的原因、影响因素、关系、相关实验；冲突部分主要介绍了它的含义、形式、要素、作用、引发因素、平息、解决方式。

名词总结

偏见	歧视	性别歧视	种族歧视
刻板印象	图式	利他行为	亲社会行为
助人行为	学习理论	社会交换理论	侵犯行为
工具性侵犯	言语侵犯	动作侵犯	公然侵犯
关系侵犯	挫折－侵犯理论	替代性侵犯	侵犯线索
武器效应	A 型人格	敌意归因偏差	唤醒水平
去个性化			

第六章　社会影响

知识导读

社会影响指在他人的作用下，个体的思想、情感和行为发生变化的现象。本章主要介绍从众、顺从与服从，去个体化，社会助长与社会惰化，群体决策、群体极化与群体思维，文化及其影响。

在考试中，本章内容是高频考点，单项选择题、多项选择题、简答题或者论述题都有，因此考生要给予足够的重视，在理解的基础上进行重点记忆。

知识地图

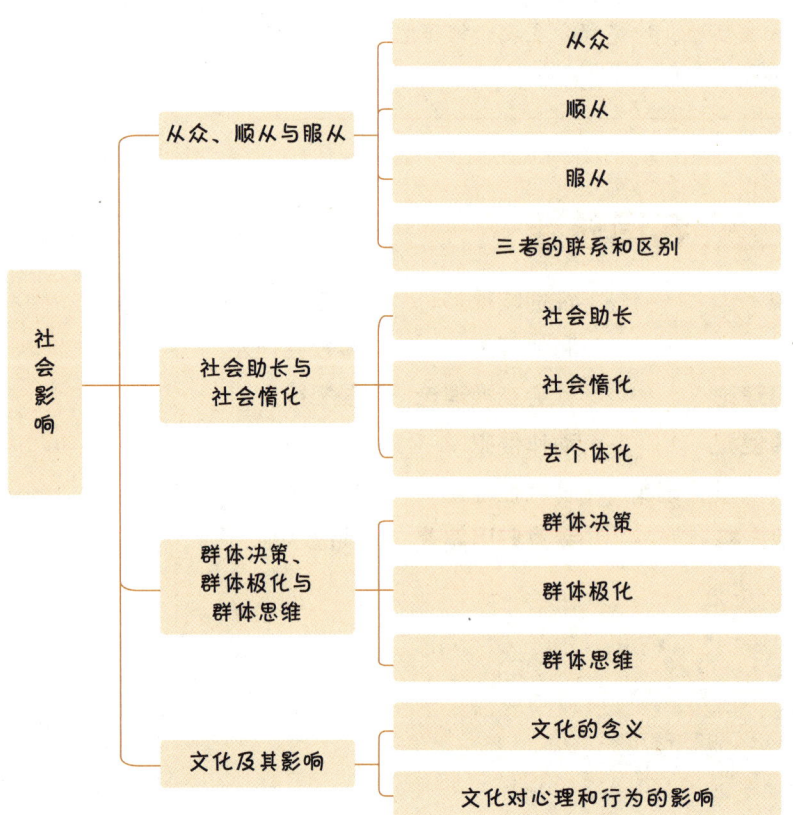

知识精讲

第一节 从众、顺从与服从

知识点 1 从众 ★★★

1. 从众的含义　>> TIPS ①

从众是指个人的观念与行为由于群体的引导或压力，而向与多数人相一致的方向变化的现象。

2. 从众的经典研究

（1）谢里夫对团体规范形成的研究

最早对从众行为进行实验研究的是谢里夫。他利用错觉中的自主运动现象进行了从众行为的研究。

在实验中，他把被试每3个人分为一组，让他们判断光点移动的距离到底是多少，每一组被试在判断完之后把自己的结果告诉其他组被试。

随着实验的进行，所有被试的判断基本一致，即对这个问题形成了一个共同的标准。谢里夫认为，这时实际上已经建立了团体规范，这种规范对每个人的行为与信念起着制约作用。

谢里夫的研究还发现，在情境越是不明确以及人们不知道如何定义该情境时，人们受到他人的影响也越大。

（2）阿希的线段判断实验

该实验要求被试将线段A、B、C与标准线段进行比较，判断哪条线段与标准线段的长度一致。

结果表明，当部分成员（实际上是研究者的助手）都选择错误的答案时，尽管其余被试的从众程度不同，但总体上至少有33%的被试会从众，选择错误的答案。

3. 从众的类型

①真从众：不仅在外显行为上与群体保持一致，内心也认可群体的看法。

②权宜从众：虽然行为上表现出和群体一致的意见，但内心并没有完全认可群体的看法，只是迫于压力才做出屈服于群体选择的从众行为。

③不从众：个体在群体中不被群体的意见左右，而保持自我原有选择的一种行为。不从众又可分为两种类型，即表面不从众和表里如一的真不从众。

4. 从众的动机（原因）　>> TIPS ②

①规范性社会影响：发生在人们想要获得奖励与避免惩罚时。

TIPS ①

"随波逐流""人云亦云"就是从众的例证，从众在日常生活中是非常普遍的现象。

TIPS ②

在其他版本的教材中，从众产生的原因还有以下几种。

①行为参照：由于知识储备不足，经验背景缺乏，人们可能并不能十分肯定地做出某种选择，这时候人们会选择一定的参照系统帮助自己做出选择，而多数人的行为就是最可靠的参照系统。

②偏离恐惧：一个人如果表现得过于突出，偏离群体的一般情况，就会面临群体的强大压力甚至严厉制裁。大部分人都有这种偏离的恐惧感。

③人际适应：在人际交往中，有时候为了获得肯定或者建立和维持良好的关系，人们就必须改变自己的行为和态度，以保持和大多数人一致。

②信息性社会影响：发生在个体希望从他人或其他团体那里获得准确的信息时。

5. 从众的条件（影响因素）

（1）情境因素

情境模糊性是关键变量。当人们不确定什么是正确的反应、行为或观点时，最容易受到他人的影响。

（2）团体因素

①团体的规模：一般来说，团体的规模越大，团体给个体的压力就越大，个体就越容易从众。当团体人数超过4人，人数的增加并不一定会导致从众行为的增加。

②团体的凝聚力：团体对其成员的总吸引力水平。团体的凝聚力越大，从众的压力就越大，从众行为就越有可能发生。

③团体的社会支持：社会支持通过减规范性社会影响来减少人们的从众行为。

（3）个人因素　　　　　　　　　　　　　　》TIPS ③

①自我：内在自我意识强的人不太可能会从众，而公众自我意识强的人从众的可能性更大。

②个体保持自身独特性的需求：许多研究证明，有时候人们不从众是为了保持自身独特的自我同一性。

③个人的控制愿望：对自己行为的控制愿望会影响人们对从众行为的反应。

④个体的社会地位：社会地位越高的人从众的可能性越小。

⑤承诺：对组织或他人的承诺越多，从众的可能性越大。

此外，性别、是否公开、社会压力等因素也会影响从众行为。

（4）文化因素

从众在全世界都非常普遍，但也会表现出文化和时代的差异。

知识点 2　顺从 ★★★

1. 顺从的含义　　　　　　　　　　　　　》TIPS ④

顺从指在他人的直接请求下，按照他人的要求去做的倾向，即接受他人的请求，使他人的请求得到满足的行为。

2. 影响顺从行为的因素

①积极的情绪：情绪好的时候人们顺从的可能性更大。

②互惠规范：互惠规范强调一个人必须对他人给予自己的恩惠予以回报，如果他人给了我们一些好处，我们也必须给他人一些好处。

③合理理由：当他人能给自己的请求一个合理解释的时候，我们顺从的可能性就大。

例如，某位明星说黑色比白色好看，大家可能就变得爱穿黑色的衣服。

朋友喊我出去玩，虽然不是很想去，但仍然陪朋友出去玩了。

3. 增加顺从行为的技巧

（1）登门技巧（登门槛效应）

①含义先向他人提出一个<u>较低的要求</u>，等他人满足该要求后，再向其提出一个<u>较高的要求</u>，此时对方满足较高要求的可能性会增加。 >> TIPS ⑤

②原因在于接受小的要求改变了个体对自己的态度，这种改变减少了他对以后类似行为的抗拒。

（2）门前技术（留面子效应、互惠让步技术）

①先向他人提出一个很高的要求，在对方拒绝之后，<u>紧跟着</u>提出一个较低的要求，这时候较低的要求被满足的可能性会增大。与登门技巧相反。 >> TIPS ⑥

②门前技巧起作用必须满足三个前提。

首先，最初的要求必须很高，当人们拒绝该要求时不会对自己产生消极的推论。其次，两个要求之间的时间间隔不能过长，过长义务感就会消失。最后，较小的请求必须由同一个人提出，如果换人效应不出现。

③门前技巧的发生与互惠规范有关，当人们知觉到他人的让步时，就会感到来自互惠的压力，即对他人的让步做出回报从而满足他人的第二个要求。

（3）折扣技巧

我们提出一个<u>很高的要求</u>，在对方<u>回应之前</u>赶紧打个折扣或给对方其他好处。与门前技巧相比，这种技巧不给对方拒绝我们提出的很高要求的机会，通过打折扣、给优惠、送礼物等方式诱导对方接受这一要求。 >> TIPS ⑦

（4）滚雪球技巧（低球技术）

在最初的要求被他人接受之后，又提出了新的较高的要求。 >> TIPS ⑧

（5）过度理由效应

从费斯廷格的认知失调理论衍生出的概念，指附加的、更有吸引力的外在理由会取代人们行为原有的内在理由，成为行为支持的力量，从而使行为由内部控制转向外部控制的现象。 >> TIPS ⑨

知识点 3　服从 ★★★

1. 服从的含义 >> TIPS ⑩

服从是指在他人的直接命令之下做出某种行为的倾向。这种行为是在外界压力的影响下被迫发生的。

2. 服从的经典研究——米尔格拉姆的电击实验

①在实验中，要求被试充当老师的角色，与"学生"（实际上

登门技巧是一种"得寸进尺"的策略。

门前技术是一种"以退为进"的策略。例如，我们想采访一位名师，但他很忙，不愿意接受采访。我们可以先说："我们只占用您2小时的时间。"他说："1小时也不行啊！"这时我们再说："那15分钟总可以吧？"而"15分钟"正是我们所需要的。因为对方已经拒绝过我们一次了，所以再次拒绝会让他感到不好意思。

例如，某品牌的一瓶洗发水的原价为200元，在"双十一"购物节，买这样的一瓶洗发水可能还要花200元，但是商家会送10瓶洗发水的小样。

例如，某个小朋友想看电视，于是他跟妈妈说只看半小时，可时间到了后他要求再加10分钟。滚雪球技巧与登门技巧的区别在于，第一步和第二步的时间间隔不同。滚雪球技巧是在低要求被满足后，随即提出高要求；而登门技巧是在一段时间后再提出更高的要求。

例如，当孩子取得好成绩的时候，如果家长给予过多、过于频繁的物质奖励，则很容易引发过度理由效应，使得孩子学习的动机从原有的内在理由转向外在理由，而这对孩子的学习和发展是有害的。

自己根本不想干活，但由于上司叫自己干活，尽管自己对上司有所不满，还是按照上司要求的那样去干活。

是研究者的助手）一起参加一项惩罚对字词学习的影响的研究。当"学生"出错时，命令被试对其进行电击惩罚。"学生"每犯一次错误，电击用的电压就增加 15 V。

结果显示，有 65% 的被试会服从实验者的命令，并将实验进行到用 450 V 的电压电击"学生"。

②米尔格拉姆的实验揭示了人们服从权威的程度，也考察了服从产生的条件。他发现以下 4 个因素会影响服从。

a.受害者的情感距离：受害者与被试的距离。

b.权威的接近性：命令者是否亲自在场。

c.权威的机构性：有机构做背景的权威易发挥社会权力。

d.群体影响的释放效应：如果有人反抗，之后会有人跟着反抗。

3. 服从的原因　　　　　　　　　　　　　>> TIPS ⑪

①合法权利：社会赋予了卷入社会角色关系的一方更多的影响力，从而使另一方认为自己有服从的义务。

②责任转移：将行为的责任转移给实验者，认为自己仅仅是帮助实验者达到研究目的的代理人，不对行为的后果负责任。

4. 影响服从的因素

①命令者的权威：有权威的人的命令容易被他人接受，并使他人做出服从行为。

②他人支持：他人支持显著增加了人们反抗和拒绝权威的可能性，降低了服从的可能性。

③行为后果的反馈：行为后果的反馈越直接、越充分，人们服从权威、做出伤害别人的行为的可能性就越小。

④执行者的个性与道德水平：执行者的道德水平越高，越倾向于按照自己的价值观行事，拒绝服从权威而去伤害别人。

知识点 4　从众、顺从与服从的联系与区别 ★★★

1. 从众、顺从与服从的联系

三者都是由他人或群体的影响而引发的，属于个体或群体受到社会影响，其行为向外在影响力方向靠拢的现象。

2. 从众、顺从与服从的区别

三者的主要区别在于压力源和行为动机不同。

①顺从和从众的影响机制接近，都是因为外在影响而产生的自我行为选择。

②顺从和从众的区别在于，顺从行为的影响源是有意对行为者施加直接的或隐含的影响，而从众行为的影响源通常并不针对特定对象施加影响，而是个体感受群体压力之下的自我跟随行为。

TIPS ⑪

关于服从的原因，本书主要参考金盛华编写的《社会心理学》中的表述。而在侯玉波编写的《社会心理学》（第 5 版）中，服从的原因包括以下 4 点。

①规范性社会影响——如果有人真的希望我们做某事，要拒绝他似乎是一件很困难的事，特别是当这个人处在权威的位置时。

②信息性社会影响——当人们处于一个令人困惑的情境中，无法确定自己该做什么时，人们就会求助于他人来弄清状况。当情境模糊不清时，信息性社会影响的威力尤其巨大。

③对错误规范的遵守——人们难以察觉逐渐被歪曲的、错误的权威规范。

④被试的自我辩解——被试从第一次答应实施电击开始，就产生了继续服从的压力，一旦找到继续服从的借口，就难以停止。

建议考生按照目标院校指定的参考书中的表述进行记忆。

③服从的社会影响机制与从众和顺从不同,服从行为的引发具有强制性,命令者与服从者之间通常有着规定性或强迫性的社会角色联系,人们服从的理由是外在的,而在从众和顺从行为中,影响源与行为者之间并没有规定性的社会角色关系或强迫性关系的束缚。从众者和顺从者必须认同外部影响或找到自身行为的理由,才会跟随外部影响而行动。

> **本节小结**
> 本节主要介绍了从众、顺从、服从,具体包括从众的含义、经典研究、类型、动机、条件,顺从的含义、影响因素、增加技巧,服从的含义、经典研究、原因、影响因素,以及三者的联系与区别。本节内容属于高频考点,考生要在理解的基础上重点掌握。

第二节 社会助长与社会惰化

知识点 1 社会助长 ★★★

1. 社会助长的含义

社会助长也称**社会促进**,指在有他人旁观的情况下,人们的工作表现比自己单独工作时更好的现象。

最早对此问题进行研究的是**特里普利特**,他注意到在有竞争时人们骑车的速度比单独骑的时候快,他的社会促进实验也是最早的社会心理学实验。

>> TIPS ①

例如,"男女搭配,干活不累"就属于社会助长中的性别助长。

2. 相对的概念——社会干扰

(1) 含义

社会干扰也叫社会抑制,指他人在场非但不能提高工作绩效,反而还会降低工作绩效的现象。

(2) 理论解释

扎琼克提出了**优势反应强化说**。他认为,他人在场将抑制学习新的复杂反应的行为,但能助长已经学会了的成为优势反应的行为。

3. 社会助长产生的原因(理论解释)

①**简单在场**:他人的出现会使人们的唤醒水平提高,而这种生理唤醒水平的提高会进一步强化人们的优势反应。但其对工作的成绩起什么样的作用还与工作的性质有关,他人的存在**对完成简单工作起促进作用**,而**对完成复杂工作起阻碍作用**。

②**评价恐惧理论**:在有他人存在的环境中,人们由于**担心他人对自己的评价**而引发了唤起,进而对工作绩效产生影响。

③**分心冲突理论**：在个体从事一项工作时，**他人或新奇刺激的出现会使他分心**，这种分心使得个体**在注意工作还是注意新奇刺激之间产生了冲突**，这种冲突使得认知系统负荷过重，从而使唤醒增强，导致社会促进效果。该理论解释了噪声、闪光等刺激对作业成绩的促进或损害作用。

知识点 2　社会惰化 ★★★

1. 社会惰化的含义

社会惰化也称<u>社会懈怠</u>、社会逍遥，指当群体一起完成一件事情时，个人所付出的努力比个人单独完成这件事情时偏少的现象。它是一种跨文化现象，相比于集体主义社会，个人主义社会中的社会惰化现象更严重。

2. 社会惰化产生的原因　　》》TIPS ②

（1）责任分散

在团体中，由于个体认识到即使自己努力也会被埋没在人群中，所以对自己行为的责任感降低，从而不太努力，致使作业水平下降。

（2）团体情境

在群体中，每个个体与其他个体一起受到外界的影响，外界的影响会分散到每个个体的身上。随着群体规模的扩大，每个个体受到的外界影响减小，感受到的压力也随之减小。

3. 减少社会惰化的方法

①最好的方法是让群体成员有更强的参与感和责任感。例如，采取一些激励措施，增强群体成员对群体的认同感，提高群体的凝聚力，从而降低社会惰化的程度。

②当群体成员之间有着亲密的交往，有着较高的相互认同时，懈怠就会减少。

③当任务具有挑战性、高吸引力时，群体成员的懈怠程度就会减弱。

④使个体作业成绩可识别化。当个体的行为可以被单独评价时，个体会付出更多的努力。

知识点 3　去个体化 ★

1. 去个体化的含义

（1）去个体化又叫去个性化，指个体丧失了抵制作出与自己内在准则相矛盾的行为的自我认同，从而做出一些平常自己不会做出的反社会行为。

（2）去个体化现象是个体的自我认同被团体认同取代的直接结果。

TIPS ②

关于社会惰化产生的原因，本书主要参考侯玉波编写的《社会心理学》（第5版）的内容。而在金盛华编写的《社会心理学》中，社会惰化产生的原因为以下两点：第一，如果群体成员相信个人对群体的贡献无法被识别，社会惰化就会发生；第二，群体成员缺乏对群体的认同感。建议考生按照目标院校指定的参考书中的表述进行记忆。

2. 去个体化的影响因素（产生原因）★★

（1）**群体规模**

群体的规模越大，凝聚力越强，越容易引发人的去个体化行为。

（2）**匿名性**

匿名性是引起去个体化的关键，团体成员的隐匿性越强，他们就越觉得不需要对自我认同与行为负责。　　>> TIPS ③

（3）**自我意识下降**

这是最主要的认知因素。群体的规模越大，成员越有可能失去较多的自我意识。这使得人们觉得没必要对自己的行为负责，也不会顾及行为的严重后果，从而做出不道德与反社会的行为。

> **本节小结**
> 本节主要讲了 3 个知识点。第一个是社会助长，包括它的含义、社会干扰、产生的原因；第二个是社会惰化，包括它的含义、产生的原因以及减少的方法；第三个是去个体化。考生要注意理解它们的含义。

在互联网时代，网络本身具有匿名性的特点，这使得一些"键盘侠"恣意妄为，躲在屏幕后面"指点江山"。

第三节　群体决策、群体极化与群体思维

知识点 1　群体决策 ★　　>> TIPS ①

1. 群体决策的含义

群体决策就是对于群体所面临的问题，群体中的成员都出主意，寻找解决问题的办法的过程。

2. 促成群体决策的因素

①群体的凝聚力是促成群体决策的重要因素。群体的凝聚力越大，群体成员就越愿意参与群体决策。

②当某个问题将对某一群体产生重大影响时，该群体往往就会进行群体决策。

3. 群体决策的规则

①**一致性规则**：在做出最终决策之前，所有群体成员必须都同意此方案。

②**优势取胜规则**：当某方案被 50% 以上的群体成员认可时，群体就选择该方案。

③**多数取胜规则**：在没有任何一个方案占优势时，群体就选择支持人数较多的方案。

4. 群体决策中的投机行为——搭便车效应

（1）含义

搭便车效应是在群体中普遍存在的一种投机行为，指在一个享

由于群体极化、群体思维都是在群体决策中出现的现象，因此本节先简单介绍群体决策的内容。

有共同的利益群体中，个体成员没有付出努力而坐享他人之利。个体成员采取"搭便车"的行为，最终会损害群体的利益，使得群体中的其他成员为此付出代价。　　　　　　　　　　>> TIPS ②

（2）如何避免搭便车效应

①**改变奖惩结构**：运用个人主义的奖惩结构，明确每个人的责任，让人们对自己消费的公共资源按量付出代价。

②**规范提醒**：规范提醒对个体有约束作用。

③**营造良好的氛围**：良好的氛围会让个体产生无形的压力，从而使个体保持与群体相同的行为。

④**增进成员之间的联系**：成员之间的联系密切，会使成员的利益的相互关联，因而不易产生搭便车效应。

⑤**增进成员之间的沟通**：成员之间沟通能促进合作，还能增强成员对群体的认同感，使群体内的资源得到合理的分配。

5. 群体决策中的偏差现象

群体决策中可能出现的偏差现象包括群体极化、群体思维。无论群体决策的结果是冒险的还是保守的，在本质上都是群体极化的结果。

知识点 2　群体极化 ★★

1. 群体极化的含义　　　　　　　　　　　　　　>> TIPS ③

群体极化是指群体讨论使得群体成员的决策更趋极端的现象。当个体成员最初的意见偏保守时，群体讨论的结果将更保守；而当个体成员最初的意见偏冒险时，群体讨论的结果将更冒险。这两种情况都称为群体极化。

2. 群体极化产生的原因

（1）社会比较理论

社会比较理论强调**规范性影响**的作用。通过群体讨论，人们会比较他们与别人的观点，希望他人能对自己做积极评价，所以会采取更极端的方式以与他人或社会的要求一致，最终造成群体决策趋于极端。

（2）说服性辩论

说服性辩论强调**信息性影响**的作用。人们期望获得有关问题的正确答案。当群体中的一种观点获得最大限度认可的时候，这种信息会对其他成员造成影响，使某些群体成员被说服，从而改变他们的观点，转向支持这种有说服力的观点，从而使这种观点在群体中极化。

例如，在旅游景点，游客随手丢垃圾的行为虽然方便了自己，但污染了环境。

例如，公司里有一群人在开会。开完会后，原本持激进观点的人变得更加激进了，而原本持保守观点的人变得更加保守了。群体决策比个人决策更具冒险性的现象又叫作冒险转移。

知识点 3　群体思维 ★★

1. 群体思维的含义

群体思维也叫小集团意识，是指在一个高凝聚力的团体内部，人们在决策及思维问题时过分追求团体的一致，导致团体对问题的解决方案不能做出客观及实际的评价的一种思维模式。

群体思维经常导致错误的决策结果，甚至灾难性的事件。

2. 群体思维产生的原因（条件）

①决策团体是高凝聚力的团体。

②团体与外界的影响隔离。

③团体的领导是指导式的。

④没有一个有效的程序保证团体对所有选择从正反两方面加以考虑。

⑤外界压力太大，要找出一个比领导者所偏好的选择更好的解决方式的机会很少。

3. 克服群体思维的方法

①领导者应该鼓励每个成员踊跃发言，并对已提出的主张加以质疑。领导者必须能够接受成员对自己的批评。

②领导者在讨论中应该保持公平，在所有成员表达了观点之后，领导才能提出自己的期望。

③最好先把群体分成若干个小组独立讨论，再一起讨论以找出差异。

④邀请专家参与群体讨论，鼓励专家对成员的意见提出批评。

⑤在每次讨论的时候，指定一个人扮演批评者，向群体的主张发起挑战。

> **本节小结**
> 本节主要介绍了群体决策、群体极化、群体思维3个概念，包括群体决策的含义、促成因素、规则、"搭便车"、偏差现象，群体极化的含义、产生的原因，群体思维的含义、产生的原因、克服群体思维的方法。

第四节　文化及其影响 ★　　>> TIPS ①

知识点 1　文化的含义 ★

文化是指一个国家或民族的历史、地理、风土人情、传统习俗、生活方式、文学艺术、行为规范、思维方式、价值观点等。

TIPS ①

社会心理学越来越关注社会文化对社会心理和行为的影响，明确地把社会文化作为社会心理学研究的一个背景变量。不同的社会生活环境和文化模式塑造了人类群体不同的心理与行为模式。

知识点 2　文化对心理和行为的影响 ★

1. 自我概念

在不同文化中，人们的自我概念有着显著的差异。研究者提出了独立型和依赖型的自我结构，它们分别对应个人主义文化和集体主义文化。

2. 社会关系

在集体主义文化占主导地位的社会中，雇主与雇员之间更倾向于团结一致，人们尽量通过尊重他人来维持这种和谐的关系，一般不会直截了当地指出他人的过错，而是委婉地、间接地表达对他人的忠告。

3. 小孩养育

①在个人主义文化中，父母从小就注重培养孩子独立思考的能力。到了青年阶段，孩子有权决定自己的事情。

②在集体主义文化中，父母倾向于教孩子如何去了解他人、与他人合作，以及如何与他人交往，父母指导甚至决定孩子所做的事情。

4. 人际沟通

不同文化背景下的沟通差异主要表现在人们对一些问题的看法上。例如，中国人喜欢通过暗示或第三者转述等间接的方式表达自己的想法，而美国人则喜欢直接的沟通。

> **本节小结**
> 本节主要介绍了文化的含义以及文化对心理和行为的影响。

名词总结

从众	真从众	权宜从众	不从众
行为参照	偏离恐惧	顺从	登门槛效应
门前技术	折扣技巧	滚雪球技巧	过度理由效应
服从	去个体化	责任分散	社会助长
社会惰化	优势反应强化说	群体决策	群体极化
群体思维	合作	搭便车效应	文化

第七章　社会心理学的应用

> **知识导读**
>
> 本章主要介绍如何运用社会心理学的方法、理论、原则对现实社会问题进行分析和解释。从分析社会问题入手,通过对现实社会问题的解释,发挥社会心理学对社会的干预功能,以改善和提高人们的生活质量。本章内容包括健康心理学和积极心理学,要结合它们在现实生活中的应用进行理解记忆。
> 近几年没有关于本章的考点,但健康心理学和积极心理学为热点内容,考生需注意。

知识地图

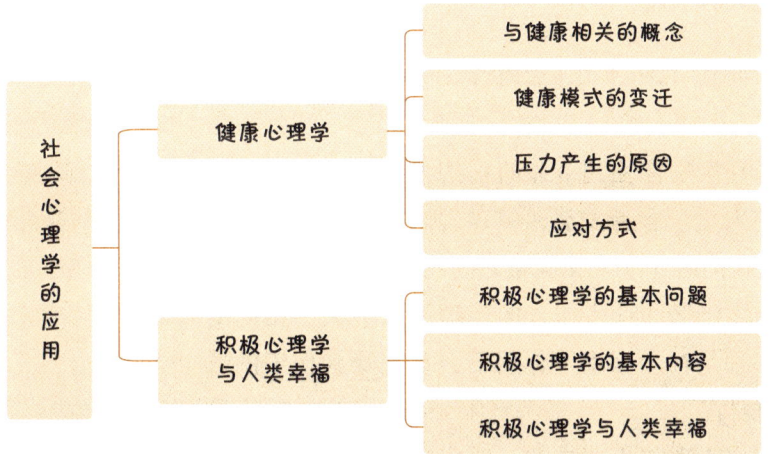

知识精讲

第一节　健康心理学

知识点 1　与健康相关的概念 ★

1. 健康

世界卫生组织把健康定义为身体上、精神上、社会上的完满状态,而不只是没有疾病和虚弱的现象。

2. 心理健康

心理健康属于健康的范畴，指个体能够积极地、正常地、平衡地适应当前和发展的社会环境的良好心理状态。心理健康的人不仅有良好的自我意识，能够认识到自己的长处和不足，还能够与社会和谐相处。

3. 健康心理学

健康心理学是心理学的分支学科之一，致力于研究人们怎样才能保持健康，研究内容包括人们患病的原因、人们患病后的反应以及健康预防等。

4. 心身疾病

（1）含义

心身疾病虽属于躯体疾病，但其产生、发展、治疗与预防都和社会心理因素有关，对这些疾病的治疗采取心理治疗的方法。

（2）特点

①心身疾病是由情绪和人格因素引发的疾病。

②患者身上有明显的器质性病变。

③患者的躯体变化与正常情绪反应时的生理变化相同，但更为持久和强烈。

④心身疾病不是神经症和精神病，后两者没有器质上的异常。

（3）致病因素

①**人格特征**：心身疾病往往和个体的一些人格特征联系在一起。比如患高血压的人比较容易发怒，但在发怒之后又往往压抑自己愤怒情绪的表达，同时这些人又经常好高骛远。

②**生理因素**：心身疾病的产生与人的生理因素有关，相同的心理社会刺激，在心理与社会因素的作用下，首先受到伤害的器官是那些发育较弱的器官。

③**心理因素**：人的心理与生理是相互适应的，心理紊乱必然引发生理上的不适。

④**社会文化因素**：我们所生活的环境，包括生活与工作环境、人际关系环境、家庭环境、角色适应和变化、社会制度、社会地位、文化传统和宗教习俗等都影响着我们的生活。在社会文化因素中，对人影响最大的是生活事件。

知识点 2　健康模式的变迁 ★

1. 生物医学模式

这一模式认为一个人的身体和心理是两个独立的系统，并把身体看作一个机械系统，尽管心理活动可能包含着不同的精神层面。

在生物医学模型中，只有和疾病有关的生化因素被考虑到了，其他的如心理因素、社会因素以及行为层面的因素都不在考虑之列。

2. 心身医学模式

心身医学模式强调心理社会因素和生物因素在健康和疾病上的相互作用。它告诉人们，生物因素并不必然导致人们患上某些疾病，心理因素才是更重要的。

3. 生物 – 心理 – 社会模型

这一模型认为仅仅考虑心理和生理两方面的因素，并不能真正反映影响健康的实际因素。人类生活在社会中，所以抛开社会因素的影响来看待健康问题，本身就是不全面的，社会环境、社会变化、社会压力等无疑影响着人们的健康，由此可以构建生物 – 心理 – 社会模型。

知识点 3　压力产生的原因 ★★★

1. 生活事件　　　　　　　　　　　　　　》TIPS ①

生活事件是指对个体生活可能产生影响的变化性事件，它表明了生活变化对个体健康的价值。生活事件会给个体带来压力，个体应对这些压力的过程被称为应激，它是身体对威胁性事件所产生的一种生理性反应。

例如，亲人去世会影响个人的身心状态。

2. 对压力的知觉　　　　　　　　　　　　》TIPS ②

个体对应激性事件的知觉，在某种程度上比事件本身更能预测个体的健康状况。

例如，有的人觉得分手是及时止损，有的人却要寻死觅活。

3. 控制感

控制感是指人们相信自己可以用各种方式来影响和控制周围环境的感觉，至于结果是好是坏，则取决于自己所采取的方式。知觉到的控制感与健康有着密切关系。

4. 自我效能感

自我效能是指个体认为自己有能力执行特定行为以达成期望目标的信念。它常常通过以下两种方式来提高个人采取健康行为的可能性。

①影响人们做事的毅力和努力程度。例如，自我效能强的人经常会设定较高的目标，付出更多的努力，并在面对挫折时更能持之以恒。

②影响人们在追求目标时的生理反应。例如，自我效能强的人在完成困难任务时，焦虑水平比较低，免疫系统运作较为良好。

5. 习得性无助　　　　　　　　　　　　　》TIPS ③

习得性无助是指个体将负性事件的起因归于稳定的、内在的与全面性的因素时所带来的悲观状态。根据习得性无助理论，对负性事件进行稳定的、内在的和整体性的归因，会导致绝望、沮丧、降

例如，小明在这次考试中没考好，他觉得是因为自己太笨了，怎么都学不会，久而久之小明便对学习失去了兴趣和信心。

低努力程度以及学习困难。

知识点 4 应对方式 ★

1. 应对与应对方式的含义

①应对是指个体在处理来自身体内外、超过自身资源的生活事件时，所做出的认知和行为上的努力。

②应对方式是指人们在面对应激事件时的反应方式。在应激事件与健康之间，应对方式起着重要的中介作用。

2. 应对方式的类型

人们的应对方式可分为 8 种类型：面对、远离、自我控制、寻求支持、接受责任、逃避、有计划解决和积极回应。

3. 性别与应对方式

男性和女性在面对应激事件时的应对方式不同。接受挑战或逃跑这两种方式对男性来说也许是合适的；女性的应对方式是"趋向和表现友好的反应"。

4. 人格与应对方式

（1）悲观与乐观

乐观者能够对压力做出较好的反应，而且也比悲观者更健康。

（2）A 型人格与 B 型人格

A 型人格者通常争强好胜、缺乏耐心、带有敌对情绪、有侵略性、控制欲强；B 型人格者则较有耐心、轻松自在，不好竞争。

A 型人格者比 B 型人格者更容易患冠状动脉心脏病。

（3）压力易感性人格

根据个体的压力易感性可以把个体分为疾病倾向型和自我治疗型。

①疾病倾向型：往往对压力非常敏感，常常以强烈的消极情绪和不健康的行为模式对压力做出反应。

②自我治疗型：可以很好地控制压力，保持健康的行为，避免生病，对生活充满热情，情绪稳定，关心他人。

5. 积极的应对方式

①加强锻炼，增强体质。

②增加积极的情绪，控制好自己。

③敞开心扉，倾吐心事。

④寻求社会支持。

6. 健康行为的塑造　　　　　　　　　　　　

（1）说服中的信息策略

大众传媒在个体健康行为的塑造方面有着重要的影响。一般来

例如，强调：如果多补充维 C，就可以保持身体健康；如果不补充维 C，就可能影响健康。

讲，在促进健康行为的说服中，人们使用的策略有两种：强调从事某种健康行为的好处；强调如果不这样做的坏处。

（2）利用认知失调改变不良行为

根据认知失调理论，当你希望人们改变行为时，首先要使对方了解做这样的改变将使他们在心理上获得好处，即这样做会使他们觉得对自己有利，并且能维护其自尊。

（3）增进健康行为的HAPA模型

健康行为过程理论（HAPA）提出，社会认知因素在与健康有关的行为改变方面起到了非常重要的作用。行为改变包括两个重要的方面：一是要有基于某种信念的改变意图；二是这些改变必须在一个有计划的框架之中进行。

在改变不健康行为的过程中，有3个社会认知因素起着重要的作用：风险意识、行为信念、自我效能。

> **本节小结**
>
> 本节主要介绍了与健康相关的概念、健康模式的变迁、压力产生的原因以及应对方式4个知识点。与健康相关的概念有健康、心理健康、健康心理学、心身疾病；健康模式的变迁的知识主要有生物医学模式、心身医学模式和生物-心理-社会模式，压力产生的原因包括生活事件、对压力的知觉、控制感、自我效能感、习得性无助；应对方式的知识点主要有应对与应对方式的含义、应对方式的类型、性别与应对方式、人格与应对方式、积极的应对方式和健康行为的塑造。

第二节　积极心理学

知识点 1　积极心理学的基本问题 ★

1. 积极心理学的含义

积极心理学是一门研究如何正确把握幸福人生的科学。它关注人生的整个过程，认为每一个人的人生都会经历高峰与低谷——既有美好的经历，也有挫折和消沉的经历，正是这些高峰和低谷构建了一个完整的人生。

2. 积极心理学的研究对象

①积极的特质和性格：友善、好奇心、团队协作能力、价值观、兴趣、天赋和能力等。

②可以促进幸福生活的社会因素：友谊、婚姻、家庭、教育和宗教等。

3. 积极心理学的目的

积极心理学研究积极体验、积极特质、自主制度，并描述和解释客观事实，使得人们可以了解在什么情况下追求怎样的目标。积极心理学强调并非所有的结论都是乐观的，但它们都是有价值的，因为这些都与美好生活密切相关。

4. 积极心理学的关注点

积极心理学不只关注人类积极美好的一面，也关注人类病态的一面。无论是从事社会心理学研究的积极心理学家，还是研究临床心理的积极心理学家，都承认人类的美好生活中存在着偏见和争端。积极心理学更强调积极、快乐、幸福、开心等，反对把人生看作悲剧的观点，以及由此衍生出的"痛苦的人和快乐的猪"的说法，认为那些快乐的人通常更优秀，在学习、工作中更成功，与他人的关系更融洽，寿命也更长。

5. 积极心理学的本质

积极心理学并不是一场根本性的革命，而是对研究问题的重新聚焦，是使用以往的心理学研究范式研究新领域中关于美好生活的问题。人类对美好生活的追求是超越地域、文化限制的，所有的文化都向往并追求美好的生活，积极心理学尝试从全球化的视角定义文化经验。

6. 积极心理学的研究主题

①积极的主观体验，如快乐、福流、满意、实现感。
②积极的个人特质，如性格特点、天赋、兴趣、价值观。
③积极的人际与社会关系，如家庭、学校、单位和社交圈等。

研究表明，积极的社会关系可以促进积极的个人特质的发展和表现，从而进一步增加积极的主观体验。但三者之间并不是严格的因果关系，其中某个因素的缺乏并不一定会导致另一个因素无法实现，实际生活往往是这三者结合的产物。

知识点 2 积极心理学的基本内容 ★

1. 积极的主观体验

①快乐：最常见的积极的主观体验。人们关注此时此刻的快乐，同时也体验着过去（回忆）和未来（期望）带给我们的快乐。
②福流：又称心流，指人们深度参与某些活动时所伴随的一种心理状态。处在福流状态的个体觉得时间过得非常快，他们的注意力集中在所做的事情上，觉得自己充满活力。

2. 积极的个人特质

①积极的思维特质——乐观：乐观的作用主要体现在让人更加

坚持上,而坚持会带来成功。

②积极的人格:彼得森、塞利格曼把积极的性格分为24内,可以归为6种美德,分别是智慧与知识、勇气、人道、正义、节制、超越。

3. 积极的价值观

价值观是一种偏好某些目标的持久信念,分为终极价值观和工具性价值观。

①终极价值观:存在的理想状态的信念,包括舒适的生活、彩色的生活、成就感、世界和平、充满善的世界、平等、家庭安全感、自由、快乐、内在和谐、成熟的爱、国家安全、愉悦、救助、自尊、社会认可、真正的友谊和智慧。

②工具性价值观:有助于促进终极价值观的理想行为模式的信念。

4. 积极的人际与社会关系

①积极的人际关系包含的范围很广,人类的友谊、爱情等都属于积极的人际关系。

②积极的社会关系具有以下特征:公平、好运、正义、耐心、有远见、安全。

知识点 3　积极心理学与人类幸福 ★

1. 幸福的含义

亚里士多德提出了幸福论。该理论强调人们要对自己的内在自我保持真诚,真正的幸福是指认同并培养美德,使之与道德和谐共存。幸福是积极心理学关注的核心课题。

2. 幸福与生活满意度

一般来说,那些对生活的某个方面感到满意的人也会对其他方面感到满意,并且在总体上对自己的生活感到满意。目前最流行的测量幸福的方法是生活满意度量表。

3. 影响幸福的因素

①人口统计学因素:年龄、性别、种族、受教育程度和收入等都与幸福呈低水平的相关关系。

②人际因素:朋友数量、婚姻状况、外向性等都与幸福呈中等水平的相关关系;乐观、外向性、尽责性、自尊等人格特质都与幸福呈中等或者高水平的相关关系。

此外,某些因素之间的相关关系并不是严格的线性相关。例如,收入与幸福的联系大体上是比较弱的,但是在收入的低端处,两者的相关程度很高。

4. 如何提升幸福感

（1）决定幸福的基本因素。

幸福＝界点＋生活情境＋意志活动。

①界点是一个常数，主要和遗传有关。

②生活情境则包括那些在我们控制之外的社会环境因素。例如，国家的政治制度会对幸福感产生巨大的影响。

③强调意志的作用反映了积极心理学与人文学科的结合，承认意志和选择在决定人生幸福方面的价值是有意义的，幸福不仅仅是意志的产物，但是意志至少能够引导个体做更多的事情，因此会使个体产生更多的幸福感。

（2）提升幸福感的措施

①交朋友，花更多的时间与他们在一起。

②参与能让自己投入的休闲活动，进行能让自己全身心投入的工作。

③如果愿意的话，可以选择宗教信仰。

④改善自己的健康。

⑤体验更多的快乐情绪。

⑥找咨询师帮自己消除焦虑感或者抑郁感。

> **本节小结**
>
> 本节介绍了积极心理学，包括积极心理学的基本问题、积极心理学的基本内容、积极心理学与人类幸福。本节知识点暂未作为考点，但是是近年的热点，考生需注意。

名词总结

健康	心理健康	健康心理学	心身疾病
生活事件	压力	控制感	自我效能感
习得性无助	应对	应对方式	压力易感性人格
HAPA 模型	积极心理学	终极价值观	工具性价值观
幸福感			

参考文献

[1] 时蓉华. 新编社会心理学概论[M]. 上海：东方出版中心，1998.
[2] 迈尔斯. 社会心理学：英文版[M]. 9版. 北京：人民邮电出版社，2012.
[3] 侯玉波. 社会心理学[M]. 5版. 北京：北京大学出版社，2024.
[4] 沃切尔，等. 社会心理学[M]. 金盛华，等译. 南京：江苏教育出版社，2008.
[5] 金盛华. 社会心理学[M]. 北京：高等教育出版社，2005.
[6] 俞国良. 社会心理学经典导读[M]. 北京：北京师范大学出版社，2008.
[7] 章志光. 社会心理学[M]. 2版. 北京：人民教育出版社，2008.
[8] 崔丽娟，才源源. 社会心理学：解读生活 诠释社会[M]. 上海：华东师范大学出版社，2008.